KUWEI

酷威文化

图书 影视

格局

月夜生凉 / 著

江苏凤凰文艺出版社
JIANGSU PHOENIX LITERATURE AND
ART PUBLISHING LTD

目录

CONTENTS

第一章

格局的大小

1. 小格局者——
永远心不由己，词不达意

一段网易云上的高赞热评写道："学士服是租的，毕业照是摆拍的，论文是抄的，实习报告是假的，三方合同是骗就业率的……一切都是假的，只有时间是真的。时间每天都在告诉我们，青春终究要散场。"这段话的语气里充满着一个大学生被时间推着往前走的心酸无奈。是的，在这个"毕业即失业"的时代，我们理所应当地觉得这样的感慨再正常不过。

然而，有趣的是，在这段热评下面紧跟着的另外一条高赞评论，与上个热评形成了鲜明的对比。另一条热评写道："学士服是学校作为毕业礼物赠送的。毕业照宿舍拍完班级拍，班级拍完学院拍，学院拍完学校拍。论文是自己大学的一项研究成果，毕业答辩老师问了很多实质性的问题。三方合同签了阿里巴巴。我走在实现梦想的路上，一切都是真的。"

同样都是毕业，二者心境却相差万里。很明显，热评虽然只是寥寥数句，但是已经把两人目前的格局显露彻底。

曾国藩曾云："谋大事者，首重格局。"古人早就告诉了我们，格局大的人会拥有"知势以悟道，谋事以做局；借势而成事，运势天地惊"的厉害人生。但是，人们却很少提到，那些格局小的人会经历怎样一番惨淡经营却又颗粒无收的光景。

我有一个高中同学，就把她称为 C 小姐吧。她不但长得漂亮，学习成绩还很出色，就连家境在学校都首屈一指。班里的许多同学都觉得她是上帝的宠儿、天生的赢家，似乎一出生就拿到了主角的剧本。我们深信 C 小姐会拥有繁花似锦的人生，而我们当初的班主任也曾经认真预言说 C 小姐的人生不可限量。

高中毕业之后，大家逐渐断了联系，关于 C 小姐的消息也就无从得知了。直到今年同学聚会，大家才终于又和 C 小姐见面。让人失望的是，C 小姐虽然依然漂亮，但是身上再也没有一丝意气风发的神采了。

觥筹交错间，我们知道了 C 小姐至今没有做过一份像样的工作，情场也是一直失意。她打趣自己是一个毫无用处的无业游民。至于她为何走到这一步，她这样苦笑着总结："我全盘皆输，输在格局。我的格局实在太小了。小到我只能看到眼前，小到我从来没有为自己做过主。小到我自己都不知道我自己到底想要什么。"她似乎再也控制不住委屈，停顿了一下，红着眼圈说道，"高考文理分科，我不喜欢理科，可是我爸妈觉得理科好，我选择去了理科，大家觉得我前途一片光明，没有任何意外，时间久了，我自己也信以为真。我真的从来没有为自己的将来打算过，以为走一步算一步就可以过好整个人生。大学时，我明明也知道自己的专业不好找工作，而且不适合自己，却还是得过且过，根本就没有转专业的勇气。就连考本专业的研究生，我也是随大流，根本就不知道自己考来干什么，于是一错再错。"她最后的一句"一手好牌打得稀巴烂，这么多年，时间全白费了"让在场的所有人都陷入了沉默之中。

在聚会结束之后和 C 小姐的单独交流中，我才深刻地理解了她那句"格局太小"是什么意思。她告诉我，她原先是只顾眼前的人，一度默认被别人安排的人生就是自己的人生。后来虽然想过要和父母反抗，但是她自己都不知道自己的一生所爱是什么，又怎么能有理有据地说服她的父母呢？

在为 C 小姐的现状唏嘘不已的同时，我也不禁想到：原来，格局的大小是可以左右命运的。其实，像 C 小姐一样的人真的不在少数，实在让人禁不住惋惜。他们或许平凡普通，或许是天之骄子，但在自己的世界里都是当仁不让的主角；他们也曾经被别人看好，但是最后却因为格局太小，只能泯然众人，惨败而归。小格局的人总是心不由己、不由自主地听着别人的安排，却从来没有问问自己的心：真的是想要这样吗？在想要表达自己观点的时候，他们却发现自己早就已经没有了主动思考的能力，所有的话听在别人耳朵里最终都会显得莫名其妙、词不达意。他们拼尽全力，却像表演了一出悲剧；生而为人，却从来没有做过一次真正的自己；最后，光阴费尽，庸碌一生，只剩唏嘘。

这一切，都是因为格局太小，不愿意思考未来，过于沉迷于眼前。最典型的例子就是现在的很多大学生在进入大学之后会产生一种"青春晚宴，才刚刚开始"的错觉，于是漫不经心地品尝着前餐，喝得醉生梦死，殊不知外面早已物换星移，最后只能被时间推着稀里糊涂地往前走，虚度年华，空留遗憾和迷茫。

所以说，格局的大小对我们每个人的一生都至关重要，想要避免小格局的悲哀，就必须提前做好准备，及早找到可以追求一生的东西，在飞逝的光阴中，不断提升自己的格局，将人生过得尽兴。自己走的路，每一步都要算数，让心不由己、词不达意统统变为过去，永远忠诚于自己的内心，就算在人生中出现了音乐骤停的偏差时刻，我们也能及时更正，做到干净利落地掉头就走。不负此生，方能尽兴而归。

2. 大格局者——
用最精准的努力，只做自己

　　三四岁的时候，你和几个小伙伴在幼儿园里因为一个很简单的问题而争执不休。你和他们意见相左，尽管他们都觉得你错了，可是他们越是否定你，你越是觉得自己是对的。你最想做的事情就是跑到自己妈妈身边，告诉她自己的同学都错了，只有自己的想法才是正确的。那时的你有质疑整个世界的勇气，别人怎么做似乎和你真的没有关系。

　　转眼间，你进入了小学，你这个时候已经开始害怕自己的答案和别人不一样了。在别人举手的时候，你也总是将信将疑地举起手来，然后在听到别人的回答时，将自己心里的那个答案否定了。

　　后来，你又进入了中学，你这个时候甚至连爱好也开始模仿别人了，你怕极了和别人不一样。在高中文理分科的时候，整个社会都告诉你理科绝对是最好的选择，班里的很多同学都选了理科。于是，你放下了对文科的喜欢，满足了父母和老师对你的全部期望，听话地选了理科。

在填高考志愿的时候，你心想：无论如何，这回总算是能够做一回自己了。可是，你看了看手机上推送的关于自己想去的那个专业的就业难度，你突然觉得自己是不是太不现实了。在你正左右为难的时候，你父母忽然说了一句："为什么不报金融呢？多少人想去这个专业，还去不了呢！"于是，你边告诉自己说不定会遇到惊喜呢，边用鼠标点击了带有金融专业的志愿，提交了。

高中毕业后，你进入了大学。在一个夏风轻起、晨光灿烂的上午，所有的一切看上去都是那么的美好，你却独独皱着自己的眉头，面无表情地看着讲台上喋喋不休的老师，突然觉得一切都那么索然无味。你把目光从讲台移到了自己的课桌上，看着厚厚的写满了经济学原理的课本，你忍不住将书重重地合上。就在那一瞬间，你觉得自己好悲哀、好无力，你甚至会问自己到底学的是个啥东西。可到最后，你终究也只是叹了口气，拿起了手机消磨这无趣又漫长的时光，选择了逃避眼前的无奈。在大学期间，你看见室友揽获了各种证书，便也跟风去考，从不问问自己这些证书有什么用，因为你认为：既然别人都这样做，自己也要这样做，不然就会落在人后了。最后，大学快要毕业了，你很想创业，但是身边的同学都在考研，你的专业老师也告诉你，考研是最稳妥的选择。是的，你又动摇了，最后你按下内心所有的渴望，跟着很多人的脚步选择了考研，但是你自己始终没有想明白，自己为什么要考研。

终于，你大学毕业了，面对前辈告诉你的"社会险恶"的人生格言，你彻底放下了自己心中的那一点点坚持，选择了在别人都羡慕的高档写字楼里朝九晚五地上班生活。再后来，身边的同学同事几乎都有了自己的伴侣或孩子，尽管你没有遇到心仪的对象，但怕别人说你是一个异类，于是你听了爸妈的话，选择了他们口中的各方面都合适的人结婚生子，操劳一生。

终其一生，你都在努力把自己活成别人，只是因为你觉得跟着别人的步伐才不会出错。

上大学的时候，我遇到过这样一个室友。她是一个外表看上去非常柔弱的小姑娘，平时一直沉默寡言。在大学开学之初，大家都急急忙忙地参加各种社团的面试，她却在寝室里安安静静地看书。这让我对她感到好奇，有一次我终于忍不住问她原因。她从书中抬起头，莞尔一笑，说："我对那个没有兴趣。"其实，当时我也压根不知道自己参加社团是为了什么，绝对不是出于喜欢，我只是害怕和别人不一样。从此之后，我就对她越来越好奇。她干什么都是一个人，有一段时间，我猜测是因为她没有好朋友，太孤单了。当时的我觉得有必要拯救她于水火之中，于是吃饭的时候喊她一起，在找兼职的时候也不忘给她寻上一份。但是让我失望的是，她竟然很礼貌地拒绝了。被拒绝的那一刻，我真的感觉很意外。因为她的孤独让她在整个大学里看上去是那么格格不入，我真的不太懂她拒绝的理由。

　　直到在大二的一节混合国际交流大课上，我才明白了全部。那节课要求中国学生和美国学生互相配合，彼此交流。她和她的美国伙伴就坐在我旁边，当我还在吭吭哧哧和我的美国伙伴费尽力气进行最基本的沟通时，她和她的伙伴已经开始讨论国家历史、中美贸易战的种种了。看着她用那么流利自然的口语侃侃而谈的样子，我真的很诧异，因为刚入学的时候，我们俩的英语口语水平几乎是一个水平线上的。那一刻的她就好像浑身散发着光芒，自信又风趣。直到此时，我才知道，原来不知不觉间她已经比我优秀了那么多。

　　两年时间里，在我们盲目跟风进社团的时候，她在给自己的大学生活制订清楚又明确的目标；在我们自己浪费了那么多宝贵的学习时间去兼职并为挣到一点小钱沾沾自喜的时候，她在努力练习自己的英语口语；当我们为了自己的虚荣心去参加那些无用又无聊的聚会的时候，她已经考完了高级商务英语；在我们都还在迷茫明天干什么的时候，她早就知道了自己十年之后要走的路。

　　可怜孤独的哪里是她呢？我为我之前的行为感到好笑和惭愧。从她身上，我才知道原来就算不随大流也可以做出正确的决定。合群也好，孤身一人也罢，都要知道和承认自己是一个单独的个体，别人的选择不一定就要是自己的选择。大学里孤独不是一种怪异，而是一种修行。最可怜的应该是当时的我，我不明就里跟着别人走，陪着一群和自己无关的人热闹，甘愿做着别人青春的配角，傻傻把自己的明天和未来丢在一旁。

我也终于懂得：连自己都做不到的人，又哪里会有什么格局呢？赫尔曼·黑塞曾在《德米安》中写道："对每个人而言，真正的职责只有一个——找到自我。然后，在心中坚守一生，全心全意，永不停歇。所有其他的路都是不完整的，是人的逃避的方式，是大众理想的懦弱回归，是随波逐流，是对内心的恐惧。"趁时光未老，青春还在，就为真正的自己而活吧！往心之所向一直用力奔跑，最后整个世界都会为你鼓掌！

3. 大格局 ≠ 深谋远虑，小格局 ≠ 鼠目寸光

　　董明珠曾经说过这样一句话："企业会失败，许多时候不是因为它做了什么，而是因为它想的太多，导致什么都没有做；人也一样，所以对待有限的生命，不妨更大胆一些。"提到格局，我们总是会不自觉地把它和"深谋远虑"画上等号。在批评一个人的格局小时，我们都会来上一句"真是鼠目寸光"。但是，格局的大小真能够简单地和这两个形容词画上等号吗？

　　任正非在接受记者采访的时候曾经说："国家不能像互联网一样，一天牢骚怪话，也不干活，然后动不动就搞个小目标。这是毒害青少年，青少年还要奋斗，金钱至上的社会中，你还能刨出一种精神来，我觉得这才是留给后人的宝贵财富。"就是因为这句话，我开始对这位七十二岁的老人生出由衷的敬佩，他的大格局不仅仅体现在深谋远虑上，还有对后人的关爱和期望。这是一种格局，也是一种境界。

在某一期的《奇葩说》中，曾经有过这样一个片段让我感慨万千。一名清华大学的博士对高晓松说自己有很大的纠结，因为他明年面临毕业，他本科学的法律，硕士学了金融，博士学了新闻传播，他就想请教高晓松他到底应该从事什么样的工作，会让自己的三个专业都发挥作用，自己也能开心。

在他话音刚落的时候，高晓松就忍不住直接炮轰："你一个都读到博士的人了，还要问别人我是谁、我从哪里来、我要干吗。一个都读到博士的人了，还问这个问题，说明想了很多很多，其实啥也没干。这就是北京人说的那种干什么成什么，但是啥也没干，所以啥也没成。"

听到这里的时候，这名清华博士生已经很难堪了，他急忙辩解说他觉得尝试这些过程，都是在积累。

当他还要再说什么的时候，高晓松显得更不耐烦了，并且直接对其警告说："如果你要是再絮叨你那些普普通通的清华人生的话，我就直接按铃把你淘汰了。你是清华目前最优秀的在校学生之一，我去学校的时候，校长也好，书记也好，都跟我提到过你，但是你今天的表现非常让我失望。名校是干什么的？名校是镇国重器！名校毕业生是干吗用的？不是用来找工作的你明白吗？名校培养你是为了让国家相信真理，这才是一个名校生的风范。一个名校生走到这里来，一没有胸怀天下，二没有改造国家的欲望，在这儿问我们你应该找个什么样的工作，你觉得愧不愧对清华对你十多年的教育？"

　　说完这些之后，高晓松显然还是不解气，对身边的另外一个导师讲："清华今天的校风其实就跟技校没有什么差别，就教你个技能找个工作。那还要名校干什么？要名校的传统干什么？"有一次，他回学校演讲，讲了一通生活不止眼前的苟且，还有诗和远方，结果同学们向他提的问题都是自己应该去国企还是去外企。讲到这里的时候，高晓松被气得火冒三丈，不停地扇着扇子，仿佛只有这样，他心底里的火才能消下去。

　　那个清华的博士生鼠目寸光吗？绝对不是，因为一个能考上博士的人，认知水平一定是比普通人要高一些的。为什么高晓松会把他批得体无完肤呢？是因为他的深谋远虑只是自己一个人的深谋远虑。高晓松认为国家给了他最好的教育资源，但是他却没有一点点应该回馈这个社会的想法。实在是没有一个名校生该有的胸怀。

　　那么，具有大格局的胸怀到底是什么？我觉得应该是范仲淹的那句"居庙堂之高则忧其民，处江湖之远则忧其君"；应该是周恩来总理在山河破碎、战火纷飞时的那句"为中华之崛起而读书"；还应该是北宋大儒张载的那句"为天地立心、为生民立命、为往圣继绝学、为万世开太平"。真正的大格局是既不辜负青春美梦又能做这个世界的英雄。一生奋斗，一生努力，来人间一趟，总是要活出自己的精彩。心怀天下是一种选择，能够做出这种选择的人，一定是拥有大格局的人。

　　当谋虑中只有自己、只有利益的时候，不论你看得再远，想得再多，都称不上大格局。事实上，如果全部的深谋远虑、全部的思量算计，都是为了让自己得私利，那么它将比鼠目寸光还要可怕。因为鼠目寸光不是主观选择，但是自私的行径是自己的主观意念。

明代的吕坤曾在《呻吟语·修身》中写道："人生天地间，要做有益于世底人，纵使没这心肠，这本事，也休做有损于世底人。"可见，早在千百年前，胸怀天下的格局就已经成为了世人所认可的主流价值观。

当然，大格局也不是说非要你在自己都照顾不好自己的时候，还要把手里唯一一块能救命的面包给别人，而是说不管到什么时候，你都能懂得这个世界上真的不仅仅只有你一个人，这个社会中应该有那么一点点美好和你有关。普通平凡是这个世界的很多人的状态，但是我们可以普通，却不可以不善良。

在经历过黑暗，经历过伤痛之后，依然不辜负自己，不辜负这个世界，不用最大的恶意去揣测这个世界，应该更能体谅明白别人的痛苦。如果你曾经接受过这个世界对你的馈赠，那么你就应该拿一点微小的善举来回馈。

在《明朝那些事儿》中有一段话的大意是说：你还很年轻，将来会遇到很多人，经历很多事，得到很多，也失去很多，但是无论如何，有两样东西，你绝对不能丢弃，一个叫良心，一个叫理想。

所以，你所有的深谋远虑都必须是你的良心和理想共同作用的结果。我们的一生实在漫长，能够说得出口的经历也大多乏善可陈，但是一旦想到自己拥有过"达则兼济天下，穷则独善其身"这等格局和胸怀的时候，我们可能也会不由自主地感叹说："我好像还算是个很不错的人呢！"

4. 大格局是传奇，小格局是悲剧

　　大学的第一节课是思修课，看到课表的我对大学里还有这种课程充满了失望，我真的认为这是中学陈词滥调的继续。我百无聊赖地走进教室，甚至嚣张到连课本都没有拿，只带了手机。很显然，当时班里的同学和我是一样的想法，所以前排的座位空无一人，后排的座位却靠争靠抢。当我们正在为争后排的座位上演"友谊的小船说翻就翻"的戏码时，一位很优雅的老太太走了进来。她的衣着朴素中带着精致，整个人的精神状态比我们还要好。她看着前排空荡荡的座位和低头玩手机的我们，没有一点不耐烦，反而露出满脸慈祥的微笑，望向我们的目光中，全是理解与宽容。

　　她做自我介绍的第一句话是："我快六十岁了，但是我仍然希望，我能和你们成为朋友……"做完简短的自我介绍后，她把课本放到一边，在黑板上写下了这样一个问题："高考之前，你们理想的大学和专业是什么？"有调皮的男生在下面说"哈佛"。只见她笑着走到那个男生旁边，问他可不可以再把自己的话说一遍。在男生害羞地要站起来的那一刻，她赶忙阻止并对我们说以后她的课堂上，回答问题不用站起来，直接坐在座位上表达就可以。

她笑着对男生说："哈佛是一个很好的学校啊，没有必要害羞啊。"然后，她从哈佛大学，讲到耶鲁和牛津，从大学的专业聊到抖音化妆，从《资治通鉴》说到现在的时事政治，每一句话无不引经据典，幽默风趣。说到她感兴趣的地方，她甚至还会可爱地手舞足蹈。我们自以为是的那些时尚知识跟她说的那些最前沿的杂志周刊相比，根本不值一提。在那节课的最后，所有人都放下了自己从不离手的手机，聚精会神地听着她说话。在快要下课的时候，她说："这是你们大学的第一节课，我特别想给你们一个很美好的故事的开端，可是我实在是能力有限。其实，说了这么多，我想告诉你们，现在的大学和专业也许不是你原先喜欢的，也许你现在喜欢，可是以后就会不喜欢了，但是无论如何，你要相信，所有的经历、所有的阴差阳错都会有它的意义。请不要把目光只放在现在眼前的四年，这四年转瞬即逝，也许你们理解不了我现在说的话，但是我希望从今天开始，青春正好的你们能培养一种习惯，就是尽量把自己的格局变得大一点，永远要有让自己快乐的能力，永远对这个世界好奇，一生热爱不遗憾，把自己活成自己的传奇。"

当时，温柔细碎的金色晨光穿过大大的窗户照射到她和她背后的黑板上面，她眼神坚定，笑容慈祥，让人看了感觉是那么的美好。那一刻，我就在心里问自己："我在六十岁的时候，是不是也可以活得这么优雅，活成她这样赏心悦目的像一幅画？是不是也可以让岁月在自己身上失了功效，让最美的青春在自己面前都甘拜下风？"原来，真的有人将自己活成了"太阳强烈，水波温柔"的样子。

我想，所谓的大格局就应该是老师这个样子了。她的眼界、她的思想和她的格局让她的优雅和传奇一并天长地久地强悍着，就连时间，在她面前也只能感叹无能为力。

前几天，我和一个朋友一起去吃饭，在聊天的过程中看着朋友疲惫不堪的面容，忍不住问他怎么了。他突然放下手中筷子，认真地问我："你觉得我可怜吗？"我被这个问题逗笑了，我说："你两年之内连升三级，已经进入了公司的管理层，爱情也快修成正果，事业爱情两丰收，绝对是年轻有为的典型代表。你要是还觉得自己可怜，我们这些凡夫俗子该怎么活？"

他随即失望地摇了摇头，说他感觉自己很可怜。他说他在公司有一个死对头，每当他做错一步，他的那个死对头就会让他难堪。他气不过，真的忍不下去，就开始和他的死对头互相算计，勾心斗角。每天，他从睁开眼开始，就想着怎么把对方干下去。他说手底下的人没有一个中用的，自己的父母除了会催婚，一点都不关心他过得好不好，自己和异地的女友关系也总是不稳定，他每天活得像一只永不停歇的陀螺。有一天，他连早饭也没吃，头痛欲裂，但是还是逼着自己急急忙忙地赶往公司。在过街天桥上，他看到笑得一脸灿烂的乞讨者，他不知道为什么，鬼使神差地停住了匆忙的脚步。突然，他觉得自己很委屈，因为一无所有的乞丐都比他快乐。他觉得自己这么努力，过得还不如一个乞丐，活得没有任何意义。现在也是这样，他真的不知道自己为了什么而活。辞职吗？不，他放不下。继续忙碌？他又觉得没意义。

我看着身心俱疲又满脸痛苦的他，很是心疼。要知道原本的他是眼里睡着星星、心里住着太阳的人啊！怎么最后把自己给了生活，却没能够活出自己呢？我对他说："你所有不快乐的根源就在于你的眼里除了鸡毛蒜皮，就没剩别的了。"他想了一会儿，突然笑着说，好像确实是这样，连助手忘记提前给他开电脑，他都会生气好半天。

他说他也不知道从什么时候开始，自己的格局突然越变越小了，也搞不清楚生活中的鸡毛蒜皮是在哪个瞬间夺走了他全部的精力。现在，他的眼里只有对生活的种种不满，却没有丝毫感受到别人对他的羡慕。

网上经常有人说："成年人好惨啊，连崩溃都要选时间看地点，明明手指一碰就要碎了，却要等到回到家，避开所有人关上门的那一刻才化成灰。"我觉得造成这种悲剧的根本原因就是因为格局太小了，对什么都变得斤斤计较了起来。其实，很多时候，我们就是输不起而已。格局小以至于只看到了生活对自己的为难，却没有看到生活对自己的馈赠。

《这世界与我》中说道："我希望你读很多书，走很远的路。我希望你爱很多人，也被很多人爱。我希望你走过人山人海，也遍览山河湖海。我希望你读纸质书，送手写的祝福。我要你独立坚强、温暖明亮，我要你在这寡淡的世界深情地活。"这句话也送给正在读这本书的你。北野武也曾说过："虽然辛苦，但是我还是会选择那种滚烫的人生。"我希望你也是，不管什么时候，不管你遇到了什么，都要不断地提升自己的格局，把自己的一生活得滚烫又传奇。

5. 格局大小与性别无关

前几天和朋友一起去参加一个女性峰会，在峰会上见到了来自各行各业的杰出女性。她们有的优雅知性，有的雷厉风行，有的和蔼可亲……她们来自不同的行业，成功的历程也是千差万别，但是她们身上有某种相似的自信和优雅，总能让人眼前一亮、由衷钦佩。

其中，给我留下深刻印象的是一位来自家具行业的女强人。在她领奖的时候，主持人问她："创业这么难，作为一个女性，你一定经历过更多为难的时刻，到底是什么让你选择了坚持下去呢？"

这个女强人好像没有料到主持人会突然这么问，但也就是一个晃神的工夫，她随即冲着观众露出一个很优雅的笑容说道："创业这条路真的不是太好走，我一步步走到今天，其中的种种曲折心酸我只能说是只可意会不可言传。我也想过放弃，可是就是不甘心，尽管经历过很多绝望的时刻，但是我这个人，就是越挫越勇。"

突然，她低头停顿了一下，等她抬起头的时候，目光里满是坚定。她接着说道："如果非要说出自己坚持下去的原因，我觉得应该是不服输的劲头吧。我一直都认为男人能做的，女人一样可以。在创业过程中，我听过太多的人对我说，女人啊，找个好点的人嫁了才是正经事，别创业没成功，还把自己变成一个没有市场的老姑娘。其实，我都懂，我今年已经三十七岁了，我的姐姐比我大一岁，她选择了结婚，现在的她家庭美满，婚姻幸福，孩子可爱乖巧，我也知道那很好很好。可是，我知道那些都不是我自己真正想要的。"说到这里的她眼圈泛红，声音也变得有些哽咽，只见她很快地背过身，擦了擦快要掉落的眼泪。然后，她又自信地抬起头，带着大大的笑容说："无论是以前，还是现在，我都不后悔创业，其实，也无所谓苦不苦，都是经历罢了。我很享受创业带给我的快乐。我也相信，不能把我打倒的，都会让我变得更强大。"

她刚刚说完，台下就响起了雷鸣般的掌声，我也跟着不由自主地鼓起掌来。那一刻，虽然她笑中带泪，但是我一点都不觉得她狼狈，正相反，我觉得她比舞台上的任何一束光芒都要闪亮耀眼。我在想，她一定是经历了很多，所以才能这样透彻，这样坚定，才能拥有这样的魄力和格局。当整个世界都告诉她婚姻是道必做题的时候，她凭一己之力，在无数个绝望时刻还坚持着自己的内心，追逐着毕生所爱，没有把自己变成别人。很多男性因为一句"不孝有三，无后为大"就进入了既对不起自己、也对不起别人的毫无准备的婚姻。但是，有那么一批女性却清楚地看到了婚姻只是让自己幸福的众多选择中的一个、而绝对不是幸福唯一和全部的定义时，显然她们的格局早已超越了世俗的男性。

其实，很多时候，我们大多数人都会囿于性别做出我们的判断。传统观念一直认为男性是天生的强者，就算是论格局，男性也比女性略高一筹。但是，事实上，格局大小和性别真的没有关系。

我仍然记得，高三的时候班里曾经召开过一个让我终生难忘的班会，至于班会具体是以什么为主题，我已经忘记了，可是班会中关于一个问题的各色各异的回答至今让我记忆犹新。班会进行到一半，男老师看我们实在是兴趣缺缺，也不知道是他好奇心大起，还是什么别的原因，他突然就临时起意地问我们："你们这么拼死拼活地参加高考到底是为了什么？班里最调皮的男孩子率先回答说："为了娶媳妇。"老师不可置否地一笑，用眼神鼓励我们继续作答。班里原本沉寂如水的气氛突然活跃起来。有的说"为了遇见更好的人"，有的说"为了一所好大学"，有的说"为了更好地报答父母"，还有的说"为了成为自己想成为的人"……大家的回答精彩纷呈，每个人或是认真或是戏谑地表达着自己的观点。

　　老师又认真问我们："抛开分数来说，凭心而论，有谁是想要留在本地上大学的呢？"整个班级八十多个人，举起手的只有三个人。其实，我很能理解他们。那一年的高三，我们自由的天性被压抑得太久了，所有的拼尽全力，都是为了走出去，去见证更广阔的世界。当时的我们都认为：自己脚下的这片土地，虽然亲近，但是它容不下也配不上我们的梦想。

　　三个人里面，有两男一女。当被问起原因的时候，其中一个男孩说"舍不得自己的家人"，另外一个男生说"除了这里，感觉哪里都不是家"。最后，轮到那个女生的时候，她说："我留在这里也好，上大学也好，都是因为想改变一下咱们这里的教育状况。"她说完这句话，班里很多人都露出了不屑一顾、看笑话的表情。她继续说道："小学六年，初中三年，高中又三年。我当了整整十二年的留守儿童，我逼着自己把独立、懂事、听话变成习惯。父母永远只能在过年的时候才能看到，他们错过了我所有的成长。我甚至连青春期都没有。我住在亲戚家里，真正知道了什么叫寄人篱下，中学开家长会的时候，全班近一百人，但是只来了一个家长，还是一位老奶奶。我当时就想，这种悲剧到我们这一代就可以停止了。我就是想凭借自己的力量为这个地方做点什么，哪怕只是一点点，我都觉得很值得。"说完这些后，女孩坐下哭得泪流满面。台下坐着的我们都沉默了，台上的老师也沉默了好一会儿，然后笑着说："年轻真好！如果你觉得值得，那就去做，老师觉得你比老师活得明白！老师支持你。"老师带头鼓起掌来，然后我们好像被点醒了一样，开始拼命地鼓掌，班里的男生，尤其是和她一起举手的那两个男生鼓得尤为起劲。

班里很多人的成长经历和这个女生几乎相差无几，但是我们一心想的都是逃离。我们从来没有想过，如果我们都离开了，那么这个地方到底什么时候才能改变。这个地方给了我们能够生出梦想的能力，可是我们却忘记了要给这里留下一点感恩。但是，这个女生想到了；高考结束后，她真的这样做了。这是勇气，也是格局。所以，你看，女生在格局上绝对不会是天生的弱者。

男性天生不拘小节的性格也许会让男生的格局成长得更快，但是女性天生的温柔细腻也注定女性的格局可以比男性更完备，二者势均力敌。性别是用来描述生物性状的，与格局没有任何关系。其实，男性也好，女性也罢，在年深月久中，都应该让自己的格局变得更完美，要让自己越来越懂得爱自己，尊重别人。毕竟，比较没有任何意义，进步和成长才是真理。

6. 格局大小瞬息万变

在高中的时候，班里有一个被称作"学习姐"的女生，当然不是说她学习有多好，而是她那种死学的方式让人感觉真的很可怕。高中和她同班三年，她永远都是像打了鸡血一样地在学习。她在高中三年付出的努力，应该比我读十遍高中付出努力的总和还要多。她努力到什么程度呢？高中三年，为了节省时间，她没有吃过食堂；宿舍熄灯之后，她总是雷打不动地到有灯光的地方去学习，春去秋来，从来没有间断过。但是天不遂人愿，她的成绩永远在班级中下游徘徊。

那时候的她性格真的有点怪异，从来不和别人交朋友，就算别人对她表达善意，她也不会领情。她觉得整个班里的人都在看她笑话，那些成绩好的学生就算什么也不做，也会让她嫉妒得发狂。她特别讨厌和别人交流问题，她觉得整个世界都在浪费她的时间，甚至连拍毕业照，她都没有去参加，她觉得和自己的学习相比，那都不重要。

当时，她把自己的精力全部放到了学习上，眼里只有学习。班主任曾经试着让她改变一下自己的学习方法，但是她觉得老师在看不起她。于是，她索性连老师也不搭理了。老师看她执拗成这个样子，也就任其自由发展了。班里的人，也都开始疏远她，不是因为她学习太疯狂，而是因为她对这个世界怀着太多敌意，没有人愿意整天和一个满怀嫉妒和小肚鸡肠的人在一起。

高考结束后，她考得不算太差，但是比起她的努力，真的又差得太远。我和她考到了同一个城市，但我们虽然同班三年，却没有说过一句话。我自己对她也是心怀芥蒂，我以为我们都能很默契地佯装不知彼此的存在，从此陌路一生。

但是，大二那年，我的手机突然收到她的消息，她说："老同学，有时间吗？聚聚呗？"我再三确认了她的身份，才敢相信这是她给我发的信息。我犹豫了很久，但想到毕竟和她在同一个屋檐下度过了最美的青春，当然更多的还是对现在的她的好奇，我答应了她的邀约。在去之前，我已经做好了相对无言或不欢而散的准备。

我到达约定地点之后，简直不敢相信自己的眼睛。她满脸笑容，给了我一个大大的拥抱。很自然地牵起我的手，和我说着她进入大学之后的点点滴滴。不管之前怎样，我们确实是在同一个地方成长的，所以可以聊的话题实在太多了。我也才知道原来她可以这么健谈，原来她给人的感觉可以那么舒服。我们那天去了很多地方，吃了很多美食，说了很多话。

最后，站在北京灯火辉煌的王府井大街上，看着熙熙攘攘的人群和一幢幢高耸的大楼，迎着有点刺骨的寒风，我不禁感叹说："你看，北京这么大，这么繁华，有数不完的高楼大厦，但是好像任凭我们再怎么努力，都不会有一盏灯是为我们而亮的。"

她却突然转头对我说："可是，你现在已经站到这里，见证别人没有看过的繁华了，这本身难道不是一种幸运吗？再说，未来那么长，不要只盯着你没有的东西啊！毕竟，还有那么多值得期待的人和事。"

我听完之后，满脸诧异地对她说我觉得她好像重生了一次。她很释然地一笑道："你知道吗？高考分数下来之后，我真的不甘心，但是好像也只能认命。我进入大学之后，接触到了很多人，自己一个人经历了很多事，我突然很遗憾，为什么当初自己的格局会那么小，眼中只有学习，只有自己，最后把自己的青春时光过得那么狼狈。我当初以为整个世界都在和我过不去，后来我才发现，是我自己和我自己过不去。我缺席了毕业照，对全班同学和老师的善意全部视而不见。我很遗憾没能让我的青春无悔，也没能让你们的青春圆满，是我对不住你们。那时的我成了班里最不悦耳的杂音，但是现在的我很享受每天的生活，还想有空去桂林看看，如果有机会，我还想去领略高中地理老师口中的新疆桃花谷的风光。说不定，我还会去一次英国，去看看那里的本初子午线……"

我看着此时此刻那么美好的她，突然感叹时光的神奇。我真的很开心，因为知道从此之后我拥有了一个让我觉得生活明朗、万物可爱、人间值得、未来可期的真心朋友。

也就是一年的时间，她的格局突然由满地鸡毛蒜皮到可以容得下天地。所以，格局绝对不会是一成不变的，你走过的路，接触到的人，经历的每一分每一秒的光阴，都会让你的格局不断变化。

格局可以从小变大，那么有可能从大变小吗？当然有可能。我身边曾经有过一个精致干练的女白领朋友。在没有结婚之前，她走路带风，做事干脆利索，是很多人羡慕的对象。就连结婚她也是雷厉风行：有一天，她突然感觉自己该结婚了，于是就在一个有风的下午，向领导请完假，和男友直奔民政局，把结婚证领了。她说当时自己想的就是现在爱就爱了，以后不爱了再说。

可是她结婚后，真的就像变了一个人。她整天都在向我们诉苦说她的婆婆怎么为难她，她的老公如何不体谅她，孩子又是多么的不懂事。她在心烦的时候，甚至看见家里的猫都想骂上两句。她说，她不后悔结婚，可是她就是后悔自己眼里只剩锅碗瓢盆，心里只剩对生活的不满，格局越来越小，为了十块钱，可以和人磨半个小时。她明明知道这样不好，可就是控制不住自己，怎么也没有办法把心态调整过来。

　　所以说，每个人的格局都是瞬息万变的，张爱玲说："成长是一个很痛的词，不容许别人轻易地大彻大悟。"格局的修炼也一样，所以一定要等，一定要忍，一定要不停地向上努力，只有这样，你的生活到最后才能风清月朗。

7. 如何定义自己的格局？

　　有这样一段关于格局的话在网上流传得很广："你从八十楼往下看，全是美景，但你从二楼往下看，全是垃圾。人若没有高度，看到的全是问题；人若没有格局，看到的都是鸡毛蒜皮。"

　　想要定义自己的格局，我们就先问问自己，在日常生活中，我们看到的是良辰美景，还是鸡毛蒜皮？我们究竟过得快乐不快乐？我们身边还有真正可以交心的朋友吗？我们是否一直忠诚于自己的本心呢？格局其实从来都不是虚无缥缈的东西，它是实实在在、无时无刻都在参与我们生活的一种存在，如影随形。

　　我忘记了在哪里看过这样一篇文章，它大致把格局分成了这样几个层次。第一层是只看自己的利弊得失，生活中拥有这种格局的人比比皆是。第二层就是可以跳出个人利益看全局，做事愿意合作，力求双赢。在生活中，如果我们仔细观察的话，就会发现，这种人其实也不少。第三层就是不仅仅能够看到得失，还能够看到兴衰。往往拥有第三层格局的人，都有很强的前瞻性，他们就是我们常说的那类"为机会做准备的人"，能够拥有这种格局的人，真的不多。第四层是不计较一时的得失，在任何情况下都会坚持自己的准则，直到成功为止。他们有踩着别人往上爬的能力，却不屑于做这种勾当，这种人在我们看来几乎就是屈指可数了。

是的，我们不得不承认，现在的社会就是一个金钱至上、物欲横流的社会，"物竞天择，适者生存"比任何时候都有力量。很多人原先都是赤诚天真的少年，后来所走的每一步都在通向深渊却不自知。本来，如果没有社会这个大染缸，我们很多人都可以拥有第四层的格局。

其实在第四层之后，还有最后一层格局，这种格局用一个词来形容就是"悲悯"。看到这个词的第一眼我首先想到的是我看过的一个短片。短片的内容是这样的，一个博主去做街头实验，本意是想看看这个社会的人们对一个乞讨的孩子的爱心程度。所以这个博主让一个小男孩去扮演一个乞丐，为了形成一个鲜明的对比，这个博主还让小男孩坐到另外一个同样四肢健全但已成年的乞丐旁边。在男孩坐下后，那个成年乞丐似乎很好奇，尽管男孩侵占了他的领地，但是他却没有任何敌意。

没过一会儿，就可以看到人们对这两个乞丐的态度截然相反。还不到 15 分钟，男孩乞讨的钱罐里几乎就被放满了钱。要知道，这个男孩几乎没有张嘴乞讨。但是那个成年乞丐却惨到不能再惨，他几乎颗粒无收。期间，还有一个女士把垃圾倒到了他的头上，他好像在给那个女士解释他出来乞讨的原因，但是很明显女士根本就不想听他解释。

最后，只见这个成年乞丐突然起身，拿着自己的钱罐站了起来，博主以为他是要报复那个小男孩抢了他的生意，所以准备教训男孩。但是那个成年乞丐并没有，只见他拿着他乞讨到的一点钱进了便利店。接下来，他的举动，让这个博主瞬间感动到热泪盈眶。他把从面包店买来的面包分成了两半，还把大的那半给了男孩，并且把唯一的一瓶水也给了男孩。

博主连忙上去采访问他这么做的原因，成年乞丐说小男孩还那么小，现在肯定也像自己一样饥饿，但是他自己可以忍耐，所以他把面包和水给了小男孩。

在博主问他为什么出来乞讨时，好像所有的委屈再也忍不下去了。只见这个一米八几的大汉哭得像个孩子一样。原来他是一个参加过战争的美国军人，因为种种意外，他被记入了死亡名单，所以他失去了美国的居民身份，因而也就无法享受国家的基本保障福利。被注销身份后，他像一个活死人一样，空有一身力气，想凭借自己的力量去养活自己，但是因为没有身份证明，所以没有任何公司和单位敢收留他。迫不得已，他就只能去当了乞丐，每天受尽别人的白眼和鄙视。他也曾经想过一走了之，但是他想到自己在战场上躲过了那么多枪林弹雨，带着那么多死去战友的期望在活着，他就觉得自己太不尊重生命了。在看到那个曾经的军人笑着把自己的面包和水分给小男孩的时候，我好像突然明白了第五层格局所谓悲悯的全部含义。

他曾经为这个国家浴血奋战，把生命都置之度外，他应该是整个国家敬仰的英雄，但是这个国家却连最基本的温饱都没有给他，他躲过枪林弹雨，奋力冲锋陷阵，终于胜利凯旋，却没有等到他自己的岁月静好。他耗尽自己全部的尊严，那样悲哀地活着，可是就算是这样，他也能够怜悯一个抢了自己地盘、让自己颗粒无收的人，原因仅仅是男孩比他小。整个世界都背叛了他，他却能对这个世界怀有善意，他是一个英雄！

康德曾经说："能让我敬畏的，除了头顶上灿烂的星空，就是内心的道德法则。"这里的道德法则其实换成第五层格局也一样。其实，真的没有谁比谁天生就高贵，即使在那些普通到毫无特色的人群里，也可能藏着悲悯世人的高尚灵魂。

人活在世间，自己才是最了解自己的人，所以说，只有我们自己才知道，自己的格局究竟在第几层。不要用自己对别人仅有的猜测去评价别人的格局，因为真正的格局就是在洞悉一切平凡又普通的人之后，不再给任何人分层。其实我们现在的格局在第几层都不重要，重要的是，我们有没有想要改变的决心，我们来到世间，一路成长，如果人生没有办法光芒四射，那就让自己内心的格局变得波澜壮阔。

第二章

格局的真谛

1. 体面——
格局的终极目的

很多时候，我们奋斗一生，深究其根本目的，也不过就是为了"体面"二字。我们都希望我们做出的每个选择是心甘情愿的，不是穷途陌路的迫不得已，正如那句"真正的自由应该是有能力拒绝自己不想做的事情"。其实，格局是造就体面必须要使用的工具。

体面不是虚荣心，它是一种内心的丰盈，不管外人如何，也不管环境怎样，都有自己要坚持的一些原则。体面意味着不管到了什么时候都不至于把自己的命运寄托到别人身上，不至于沦落到被所有人当作笑柄。

我的一个表姐，她的容貌说不上倾国倾城，但也绝对可以说是眉眼如画。她中学的时候，很多人追她，其中一个是学校里的不良少年，追她追得尤其猛烈。可能是因为少年的心太柔软，分不清到底什么爱情、什么是激情，更不明白什么是生活，表姐最终决定放弃学业，和他在一起。

她在最好的年纪，嫁给了她最想嫁的那个少年。为了嫁给他，表姐真的可以说是抛弃了一切，舅舅舅妈劝阻，甚至哀求，还是没能让她改变自己的决定。在刚结婚的时候，表姐的丈夫对表姐确实还算不错。其实，表姐也早就说过，自己的期望只是他对她足够好就行。

但是，表姐的这点期望也落了空。他们结婚的第三年，就在表姐生下两个女儿之后，他开始处处找表姐的错，原因是表姐没有给他生出儿子。更可笑的是，他竟然凭借着这个原因，光明正大地出轨。

我去给她送东西那次，遇到了她和她丈夫吵了起来。表姐披头散发，满脸泪水，歇斯底里地吼着"我就是不让你去找她"，而她的丈夫却满脸不耐烦地问她有完没完，然后不顾表姐的阻拦，扬长而去。继而，表姐像疯了一样开始砸家里的东西，什么脏话都骂了出来。她两个女儿站在一旁跟着她无助地大哭着。看到眼前的这一幕，我心酸到不能自已。

我哭着拦下她说："没什么大不了，直接离婚吧。"可是，她哭着对我说她离不开他，他是她的全部，没有他，她活不下去，她已经没有了独立生存的能力，自己和两个女儿都需要他，他是她们的天。

我看着眼前这个瘦得像杆儿一样、满脸泪痕、头发凌乱、嘴里骂骂咧咧的女人。她明明三十岁不到的年纪却看上去比四十岁的女人还要苍老。我怎么样都没有办法和当年那个说话温柔，眼神温暖明亮，有着最灿烂笑容的表姐联系在一起。我的表姐，她怎么会就这样丢了体面，还让自己狼狈到这种程度呢？

为什么要提高自己的格局？很简单，一个强大的格局会让我们明白没有任何人、任何事可以成为我们的天，我们的天从来都是应该是我们自己。在任何境地下，我们都应该体体面面地做自己。所谓体面，不是打肿脸充胖子，而是在遇到困难的时候，要懂得歇斯底里改变不了任何东西，学会平静接受，然后迅速地寻找解决对策。体面从来不是为了别人，而是为了自己在最难的时候，还有照顾自己情绪的能力，熬过那些阴影交错的时刻。不要一味地哭天抹泪、声嘶力竭地质问着已经变心的那个人，并且痴心妄想地盼望着别人来救赎自己。

我们想要体面的话，就要在生活中不间断地保持着这样几个特质。第一个，也是最重要的一个，那就是独立——没有任何前提条件的独立。第二个就是懂得及时止损。第三个是在任何时候都要学会控制自己的情绪。

首先说独立，我们总是"一生渴望被人收藏好，妥帖安放，细心保存，免我们惊，免我苦，免我们四下流离，免我们无枝可依"。我们天性如此。可是，我认为正常人都不会想着依赖别人生存，我从来都觉得放弃独立以交换安逸实在是得不偿失的行为。确实有人依赖别人活得很好，但是我也认为这是在用一生去赌一时的运气。

我们之所以要独立，就是因为只有你自己才能完全理解你自己。在这个世界上，真的没有那么多的换位思考、感同身受，这比童话来的还要不切实际。独立几乎意味着实力。遇到困难的时候，第一时间拿起手机给别人打电话，让别人快过来帮忙，然后在听到别人的拒绝后，一味地花时间哀求对方，这是在浪费时间和拖延机会。你要做的是镇定地问问自己，在自己的能力范围之内，你是不是可以凭一己之力做点什么来改变现状；其次才是寻求别人的帮助。你的独立，是你给自己买下的最好的保险，虽然要想得到它会经历一个非常艰难的过程，但是一旦你拥有了它，你就会发现，其实自己就是最可以放心依赖的超人。

及时止损，谁不明白啊，可是真正做到的人，却是寥寥。为什么？很简单，因为输不起，因为不甘心，因为舍不得沉没成本，所以只能越陷越深，最后急红了眼，输了全部，徒留身心疲惫……于是，抱怨开始。伴随着抱怨，我们一步步走向麻木不仁，最后行将就木。

我们想要做到这一点，就必须拿得起，放得下。输确实是可怕的，但是比输更可怕的是没有了东山再起的机会。这是最大的悲剧。在某些特定的时刻，选择坚持很容易，但是说服自己放弃却很难。选择放弃何尝不是一种智慧？不管你失去了多少，请你拿出你最大的气魄，冷静地告诉自己：就是现在，及时止损。

在第一次听到"情绪管理"这个词的时候，我觉得这个词很假，很功利，很恶心。因为我当时想的是，情绪就是用来发泄的。如果连自己的情绪都要管理，难道我们一受委屈，就打碎了牙往肚子里咽吗？

后来，我才理解这个词的真正含义，它不是要你在受了天大的委屈之后，还要忍着委屈对别人笑脸相迎，而是为了让今天不开心的自己去挣那份属于明天的快乐。不要因为一时的不开心就把自己的事情弄得更糟，以至于丢了那份未来的幸福。管理情绪的最好方法就是"永远不在自己情绪不好的时候做决定"。当然，我们也绝对不可以一直压抑情绪，在负面情绪要爆发的时候，释放是必选之项。我们可以去跑步，可以去大吃一顿，可以去阅读。总之，just follow your heart（随心所欲），做自己喜欢的事情。

如果你最后把这些都做到了，当你回望人生时，你就会发现，原来一个人经历过的那四下无人的夜晚，熬过的那么多的艰难时刻，挨过的那一次次的欲哭无泪，都成为了你一生中最闪亮的篇章。那时候，你的体面已成自然。是你自己，在生活苟且的长途里，一步一步走向了诗和远方。

2. 认知水平——
格局的地基

　　我的妈妈像全天下所有的"伟大母亲"一样，为了自己的孩子连命都可以豁出去。尽管她从来没有说过她爱我，但是我对她爱我这件事，从来没有怀疑过。这也是我为数不多可以一直笃定的事情。但是，曾经有那么一件事，差点让我们母女决裂。

　　在我上二年级的时候，邻居家送给了我一只橘色的小猫。从见到它的第一眼起，我就觉得它一定是上帝送给我的礼物。我的预感应验，它确实是我生活中最大的快乐源泉。我陪它慢慢长大，它耐心陪我成熟。在这期间，妈妈一直很反感这只猫。因为在我妈妈看来，它会让我玩物丧志，而且我还经常抱着它睡觉，妈妈觉得这一定会让我染上某种疾病。每次妈妈说要把它送走的时候，我都以为妈妈是开玩笑而已，我以为它会陪我到永远。这会是理所当然的事情。

但是，两年之后的一天早晨，在我和那只猫说完再见出门上学之后，我就再也没有见过那只猫。我放学回到家后，怎么也找不到猫的身影，任我怎么呼唤都没有用。吃饭的妈妈风轻云淡地说："别叫了，它让我给送走了。"那一瞬间，我的眼泪夺眶而出。我焦急地大声质问她到底把那只猫送到了哪里。我妈妈只是告诉我说："你管不着，总之，你别想再见到那只猫了。"那一刻，我甚至觉得生命没有了意义。后来，回想起来，好像童年所有的快乐，就是在那一刻戛然而止了。

我哭着求她，我对她说："那是我的朋友，你让我做什么都可以，只要把猫还给我。我可以好好学习，下次一定考一百分，以后再也不要零花钱了……"但是，面对我的苦苦哀求，妈妈却无动于衷，她说："就一个破猫，你就哭成这样，你说什么也没有用，我绝对不会再让你养它了。"

那个晚上，我像疯了一样，抱着猫的照片哭着跑到了街上，逢人便问有没有见过这只猫。一个又一个人摇头告诉我，没有，没有。那一声声的没有，让我第一次知道了原来有些事竟然可以让人无力成这样。

后来的我开始绝食，在不睡觉、熬不住开始打盹的时候，也在喊着猫的名字。妈妈觉得我简直是天底下最不懂事的孩子。爸爸看不下去，让妈妈把那只猫要回来，但是事情就是这样的巧合，当妈妈极不情愿的去领回猫时，却得知它从领养它的家庭逃了出来。那只猫应该是为了回来找我，但是它迷了路。

　　我接受不了这样的事实。从此开始沉默寡言，变得郁郁寡欢，经常莫名其妙地哭起来。妈妈认为没什么大不了，觉得我就是没事找事，过段时间就好了。后来，是我的班主任注意到了我情绪的变化，她了解了事情的始末之后，告诉我，千万不要怀疑妈妈对自己的爱，她眼里对猫的概念和我的是不一样的，不过这不能怪我的妈妈，因为她从小到大的经历和我是不一样的，所以关于事物的认知也是不一样的。她还安慰我说，猫是最聪明的动物，就算离开我它也可以生活得很好很好。我很幸运，遇到这样一个为我讲明道理、又为我撒下善意谎言的人。

　　后来的我，虽然情绪恢复了很多，但是却再也回不到原来的心境了。那只猫给我留下的仅仅只有几张照片，还有一根它不经意掉落的胡子。

　　十几年之后，它的那根胡子我依然保存得很好，它随我去了很多的城市，一直都在我身边，就像那只猫还在我身边。

　　若干年之后，有一次妈妈开玩笑似的提到，我小时候为了一只猫跟她无理取闹。我刚想反驳，突然就想起小学班主任的那句"认知不一样"。我想，终其一生，我的妈妈都不会知道这件事情对我造成了多大的伤害。她甚至至今仍然认为，她没有丝毫错误，她的决定十分明智。所以，我几度张嘴，却也只能沉默，因为我清楚地知道：我说的再多也是无用的，她的认知已经固定，任凭别人怎么说，怎么做，她还是会坚持自己的想法。最后，爸爸看着我满脸悲伤的样子，安慰道："你如果喜欢猫的话，可以再养一只。"在妈妈还没有说话之前，我一字一句地告诉他们："我这辈子都不会再养猫了。"因为如果再养，就是对那只猫的背叛。我欠它的实在太多，我自己至今都不能原谅我自己。我恨妈妈吗？不，我从来没有恨过她，我的生命都是她给的，她爱我如命，我没有任何资格和立场去恨她，去埋怨她。但是，我会很遗憾，遗憾为什么自己当初没能保护好它。我可以理解她对我的爱，任时光怎么流逝，她都没有办法理解，对于这件事我有多遗憾。

所以说，认知水平真的很重要，因为它会决定你对外界事物的认识、判断、评价的能力。简而言之，就是它影响了人们的思想形成。更可怕的是，当你认知水平越低，你的观点越是固执，越是听不进去别人的好言相劝，也就越无从提升自己的格局。

认知水平和教育背景紧密相连，它和时代背景有关系，和你出生的阶级也密不可分。改变认识水平，我们自己所能做的就是好好去经历、去反思、去总结，不断地开拓眼界，提高自己的格局，我们如果试着了解其他地方的风土人情与悲欢离合，就能明白原来很多事情远远不止一种可能。

如果不能行万里路，那就读万卷书，多读书可以让一个人的思维快速地提升。这是一个终生学习的时代，别做一只"井底之蛙"，不要躺在原有的成就上坐井观天，要与这个时代一起成长。其实，终其一生，我们比拼的不是父母，不是名校，而是我们对世界的终极认知——眼界、格局和视野。

3. 做事的结果——
格局的定论

很多时候，我们都会思考，究竟是过程重要，还是结果重要。这个问题似乎和"先有鸡，还是先有蛋"一样，是一个谁都没有办法说出定论的话题。尽管我们嘴里说着过程才重要，可还是会以成败论英雄，正如常言道，"笑到最后的才是真正笑得最好的"。

我们都会觉得，如果一个很完美的过程最后收获的是一个不太好的结局，那么总会让人心存遗憾，这样好像显得美好的过程不再重要。我们觉得失败的结局既辜负了所受的苦难，也配不上自己的野心。我们学了十几年的对与错，但是最后发现现实只讲输赢。渡久地东亚曾说："因为他们没有危机感，他们认为只要努力练习，努力比赛，就算输了也会被原谅，而职业棒球手的工作，不是打棒球，而是赢。"

在我高考那年，我们的年级排名榜一般情况下总是会有名次变动。但是，年级第一名的位置一直被一个男生长期占据着，仿佛他的名字长在了上面一样。在高中三年，对于我们这一众普通学子来说，他就是学校里神一样的存在。所有的老师都说，清北对于他来说，绝对不是问题。

可是，高考成绩出来，他考砸了，当然不是说他上不了重点，而是他那样的成绩，绝对与清北无缘了。至于考砸的原因，好像是他被考场上发生的一些事情影响了心态。最后，学校门口的那张年级大榜上面，第一名变成了别人。我当时心生感慨，高中三年他考了无数次的第一名，仅仅输了一次，就输了全部，让三年里的一次次"第一名"变成了无足轻重的事情。原来，结果竟然是如此重要！他后来没有复读，去了一个还算配得上他成绩的大学。可是，与清北的擦肩而过成为他生命里无力改变的遗憾。

我当然不能绝对地说，结果真的比过程重要。其实，我真正想要表达的是：很多时候，结果影响的不仅仅是别人对你的看法，而是你对自己的看法。在结果出来之后，无论是输还是赢都不重要，最关键的是这件事情有没有让你成长。

如果你赢了，不去总结自己究竟为什么会赢，那么这个结果对你没有半点帮助，因为下一次你仍然会带着赌徒的心理去参与的那个过程。如果你输了，尽管信心被打击了，但是只要你能明白自己为什么会输，下次或许就可以避免失败。学会总结经验、吸取教训，那么你以后赢的次数会越来越多。投机取巧是种懒惰和碰运气的做法，这种处事方法很难帮你把知识内化成一种能力。

人生是由许许多多的结果组成的，如果说在你收获的所有结果里，总体上赢的次数大于输的次数，那你就是成功的。那一次次的成功和失败奠定了你的人生格局，每一件事情的结果都会影响你在后面所做的每一个选择。人生可以看成是无数结果和选择的累计，一个人注定会失败很多次，但是不能一直失败。

你当然可以安慰自己"过程比结果更重要"或者"沿途的风景才美丽"。失败是被允许的，但是这绝对不应该成为你下一次失败的借口。我之所以说做事情的结果是格局的定论，是因为结果往往导致成功的人越来越成功，失败的人越来越失败。不同的结果会带给你不同的心态、不同的认知、不同的环境、不同的圈子……所以说，结果很重要。

不要总是在失败的时候，还幼稚地安慰自己，你最应该做的是大方承认自己在某个环节上确实技不如人，确实还有应该进步的地方。承认自己存在不足，本身就是一种进步的表现。

当然，对于自己遇到的失败结果一度耿耿于怀，也是一种过错。能够欣慰地接纳失败，是一种能力。

那么，除了承认自己的不足、接受失败的结果这些事后的心态调整，我们在结果出现之前有没有什么方法，可以让我们通过自身的努力获得更大的赢面？当然有。

首先是微习惯法，它的核心论点是：如果你想培养一种习惯，那就试着从一个极其微小的行为开始。从微小的事情开始可以帮助你建立自信心，因为每次结果一旦脱离自己的预期，都会带来巨大的挫败感，而过程的艰辛又会让人难以提起精神去做第二次。总而言之，要在细微之处的结果中，积累自己的自信。真正驱使我们去做事的，是正向的反馈。每天做了多少是次要的，首先要做的通过极其微小的行为上的改变，培养出你的这种感受：我习惯了成功。我们可以先习得对结果的第一感受，再习惯过程，然后通过微习惯获得第一感受后，再去寻求过程的完美。微小事情的成功会将你带入一个"行动—成功—继续行动—继续成功"的良性循环之中。

光有自信还不够，还要有危机感。因为人不逼自己一把，真的就不知道自己的潜能到底有多大。这个社会上，从来不缺乏生于忧患，死于安乐的故事。其实，没有危机感，就是你最大的危机，我们只有时刻保持着危机感，才能在面对未知事物的时候，带给自己更多的安全感。其他人都在奔跑，你如果停下来，世界就会在别人的奔跑中换了模样。在那些具有顶层危机意识的人的眼里，危机感就是对未来的预见。危机感时时刻刻都在警示我们：只有不断地思考，不断地前进，才能在未来的危机中涅槃重新生，在这个比较浮躁的社会里，只有把握好危机感，才能在社会的竞争中获得安全感。

通过自己的努力，一次次反败为胜，实在是人生最痛快的事情，在这个过程中，你的格局也在悄然改变。

4. 眼界和格局并不对等

 提到格局，我们就会自然而然地联想到眼界。眼界和格局好像就是一对孪生兄弟，很多时候，我们都把它俩混为一谈。事实上，眼界和格局确实并不对等。这两个词其实有着很大的差别。

 在我参加的一次创新创业交流会上，有一个女生向台上的成功创业者提出这样一个问题："我大学读的专业是新闻传播，但是我在大学期间就瞅准了奶茶店这个商机。毕业后，我就开始了创业。我从事这个行业已经两年了，但在很多奶茶店赚得盆满钵满的大背景下，我的利润却总是像毛毛雨一样，有的时候甚至还入不敷出。我现在每天都急得不行，甚至有点抑郁。您能告诉我到底该怎么调整这种心态吗？"

 台上的创业者笑着听完了女生描述的问题，然后他是这样说的："首先，你在大学的时候就看到了现在火爆的奶茶店，这说明你的眼界并不狭隘，你的判断也很正确。创业过程中有很多艰辛，我一路走来，觉得最难克服的是压力。"

　　看到台下的女生频频点头，他话锋一转继续说道："可是，你说你创业已经两年了，你之所以压力这么大，就是因为对你来说，两年时间已经够长了，你迫不及待地想要成功。在大学里，只要你肯努力，两年确实足够你取得一个好成绩。但是，创业不一样，它是一个十年甚至二十年的累积过程。你渴望成功，但是有没有想过自己的奶茶店的优势究竟在哪里？有没有打败市场上已经存在的竞争者的可能？产品究竟有什么特色？还是说，你只是在千篇一律地模仿别人。一个品牌声誉的积累，十年、二十年、三十年都显得有些微不足道。如果你要求在两年之内树立起自己的品牌，几乎是不太现实的。你抱怨你的利润有时只是毛毛雨，但这是创业必经的过程。我们有四个合伙人，第一年亏损，第二年盈利 8000 多元，第三年 5 万多元，今年是第七年，我们做到了 4000 万。所以，你需要做的不是焦虑，而是改变和等待，让自己的格局变得再大一点，再长远一点。"

　　我听完他的话之后，突然明白，眼界确实可以决定你是不是能够看到别人看不到的先机，但是决定你成功与否的，应该要看你的格局，要看你是否有沉得住气的心态。面对人生的至暗时刻，你的格局会告诉你：你应该忍下去，耐心地等下去。等待不仅仅可以让你得到一个满意的结果，还会让你慢慢找到自我，明白自己的局限，看清楚自己的问题，让你有熬过去就是成功的底气。简而言之，你的眼界决定你的方向，你的格局决定你的成败。

很多人都明白掌握一项技能是很重要的一件事情，但是很少有人能够忍受学习过程中和别人的落差。比如说，很多刚刚毕业的年轻大学生宁愿去当一个月工资8000多元的服务生，都不愿意做3000块月薪的大公司的实习生。既输了眼界，又丢了格局。他们总是认为自己年轻，还有大把的时间。其实，真正决定人生的节点没有几个。高考，就业，婚姻这三个节点几乎就可以决定你的人生了。我们只有站在一个更高的地方，才能拥有开阔的胸怀，获得俯瞰全局的视野。所以说，眼界和格局虽然不对等，但是都同样重要。

那么，怎么样同时提高自己的眼界和格局呢？我觉得最重要的就是要懂得分辨层次。首先，我们要能看出哪里是更广阔的世界，这也是我们获得进步的基础。为什么现在的人那么强调自己的第一份工作？因为你只有从一开始就进入更高的层次，才可以拥有"前可攻、后可守"的两全状态。想要分辨层次，就不要给自己设限，要不断地推倒自己的积木。其实，很多时候，我们不是看不到更高的层次，而是总是过分关注风险，这样我们就特别容易否定和抵触那些不同的声音，不愿意推倒自己亲手搭起的积木让"沉没成本沉没"。

找到更高的层次之后，就要直击这个层次的核心，你所有的努力，都应该花在最核心的地方上。现代社会里面的每一个人做的无非就是两件事情：一个是拿时间换钱，另外一个就是拿钱换时间。你只有省下更多的时间，才能变得从容起来。每一件事物都有自己的核心，这就是它的运作原理。当你去观察、分析、评价一件事的时候，要像园丁一样剪掉无用又碍眼的枝枝叶叶，把主干给找出来。当然，这个修正过程本来就漫长而曲折，脱胎换骨是在长期积累下不知不觉间达到的成就，不是几个灵光乍现就能实现的。

一旦完成了分辨层次和找到核心，你面前就会出现一个机会，拿出你的眼界，拿出你的格局，别犹豫，别拖延，别纠结。其实，纠结也没用，在你纠结的同时，你就已经选择了错过。你会担心失败，会觉得因为别人之前都没有做过，所以你也不敢。但是，我一直都认为，当你还有机会做出选择的时候，就一定不要犹豫，否则机会就会溜走，你会徒增后悔，埋怨自己当初为什么没有果断一点。其实，有的时候选择真的要比努力还重要，毕竟努力是提高下限，选择是提高上限。

5. 已识乾坤大，犹怜草木青——格局的意义

　　如果说，修炼格局就是为了世俗意义上的成功，那我觉得谈论格局实在是一件无聊透顶的事情。在这个世界上，从来都不缺少成功的方法，缺少的是让你一生快乐、一生幸福的方法。在北大的毕业典礼上，北大校长饶毅教授告诉毕业生："原谅我不敢祝愿每一位毕业生都成功，都幸福。因为历史不幸地记载着：有人的成功代价是丧失良知，有人的幸福代价是损害他人。"而我们之所以推崇格局，就是因为它能够带着我们走向真正的幸福快乐。

　　在知乎上，有这样一个问题："你最欣赏的性格是什么？"一个高赞回答说："已识乾坤大，犹怜草木青。"虽然这只是简简单单两句话，但是我觉得它把人生最好的状态都包含了。

　　少年时，我们没有能力去识乾坤大，但是那时候我们却有"犹怜草木青"的本能。我们拼了命地奔跑，可是后来我们才发现"岁月忽已晚"。是的，不知不觉中，已经识得乾坤大，可是

代价却是怎样都没有办法变得快乐起来了。

《奇葩说》里的黄执中曾经说过这样一句话："对我而言什么重要？明天上班不要迟到，报告准时要交，这个月业绩要达标，世界上有没有龙关我什么事，有没有凤凰关我什么事，考试又不考……你说，这叫成熟；我说，这叫死了。"不得不承认，生活有的时候，确实太难，经历完半生，冷暖尝遍，在没有归属感的异地一个人工作多年，故乡只能用来过年，多少颠沛流离，始终都是自己一个人的事。很多让你心动过的车水马龙，现在甚至让你感到厌倦，越来越喜欢一个人待着，不要说让自己快乐的能力，就连最基本的表达的欲望都消失得无影无踪。

"已识乾坤大，犹怜草木青"是当前的我们最需要习得的状态。原因很简单，我们的生命实在有限，我们永远不知道明天和意外哪个先来临。别着急告诉自己，往后余生就这样了。其实生活在给你磨难的时候，也会带给你很多的小确幸。事实上，你不快乐的根源，或许并不在于生活本身，而在于你的心，在于你只是执着于追求漫天的灿烂星光，却忽略了周围那一唱一和的蝉鸣，还有一望无际的辽阔的大地。或许你真正缺少的是对生活的参悟和一双发现快乐的眼睛。

上大学时，我有一次去图书馆，好巧不巧地碰到了人送外号"挂科帝"的老教授。平日里，教授高冷得不像话，满嘴飙着一口流利的美式英语，还动不动就威胁说要让我们挂科。被我撞见的时候，他正在满脸慈祥和温柔地撸着学校的流浪猫。

很明显，猫和他都很享受此时此刻的时光。那一刻，我可以肯定，在他眼里的猫一定要比他最喜欢的经济学公式还要好玩。看着笑得那么慈祥的教授，我简直不敢相信自己的眼睛。那画面太美好，我自然是不敢打扰的。虽然很搞笑，但是我好像开始懂得了"已识乾坤大，犹怜草木青"这句话的真正含义。就算掌握了最深厚的经济学理论，就算出国多年遍游欧洲，就算经历了那么多的风霜，在某一刻却还能发现一只猫的可爱，这本身就是一件很美好的事情。快乐有的时候是自己给自己的。

有的时候，"已识乾坤大，犹怜草木青"是一种温柔，一种很绵长动人的温柔。它就藏在夏日舒服的晚风中，藏在同事随手给你买的冰激凌中，藏在冰箱里那个甜甜的西瓜中，藏在日深月久中你依然爱笑的眼睛里，藏在不管多忙都要抬头望月、享受暖阳的悠闲中……

想要得到这种温柔，你首先要多品味美好的事物。想要自己有双发现快乐的眼睛就要在忙碌的生活中抓住细节，然后将这些美好的细节无限地放大，让美好主宰你的心灵。其次就是专注。老师从小就告诉我们做事情要有效率，我们也都明白这道理，但是在执行的时候，我们总是喜欢三天打鱼，两天晒网。这会严重地降低我们的效率，把战线拉得越长，就对自己越不利。在高效率地完成一件事情之后，你就会发现你的时间变得相对宽松了一点，做事情可以不用那么匆忙了，不匆忙会降低犯错的概率，就会给你带来更多的幸福感。这是良性循环带来的正面效应。最后，千万不要忘记与别人分享情绪。分享的过程其实就是把美好翻倍。纵然知道明天的苦难该来的终究会来，但是与人分享能让你在最累的时候发现自己并不孤单，还有人能和你一起回忆当年那些对酒当歌的夜晚。

"已识乾坤大，犹怜草木青"更是一种态度，让你能永远怀有希望。就算久在俗世烟火、锅碗瓢盆的生活中浸染，也仍然可以在心底里保留生命之初的那份童真和美好。不论年岁几何，经历了多少，只要心里的少年不曾死去，心态就能一直保持年轻。

罗曼·罗兰曾经说："世界上只有一种真正的英雄主义，就是认清了生活的真相之后，还依然执着地热爱它。"所以说，不管怎样，希望你可以在领略过上帝眼里的壮阔后，依然能够从一个小小的个体出发去感知世人的悲喜；希望你能见识巨浪波涛的美丽，亦能为一点一滴而欢喜。最后，你会发现，其实这个世界远没有你想象的那么糟，而且还有点小温柔。

6. 不以物喜，不以己悲——
格局让人间值得

中学时，我们学过范仲淹的《岳阳楼记》，对于其中的千古名句"不以物喜，不以己悲"，我实在没有读出它的精妙之处。但是，如今我却觉得这句话里蕴藏着不可多得的大智慧。它一语道破了格局最重要的作用——让人间值得。

不以物喜，不以己悲究竟是什么意思？我觉得它最本质的含义是喜物而不溺于物，钟情而不限于情。简单来说，就是有自己可以坚定一生的信念。

现在的社会令人眼花缭乱，人们手机整天不离手，每天都生活在信息大爆炸的氛围中。有太多的消息可以左右你的情绪了，喜欢的明星离婚了，你瞬间觉得整个人都不好了，让你觉得再也不相信爱情了。看到"地沟油"的新闻报道，你瞬间充满了焦虑，感觉吃什么都有问题。听到别人说，新来的那个同事是靠关系进来的，你一下子就没了干劲，觉得自己再努力也比不过"关系户"，觉得世界黑暗，毫无道理可言……

　　中学的时候，我有一个成绩相当的同桌。学生时代，大家最在乎的当然是自己的分数了，我也不例外。我的心情经常被分数左右，但是我同桌不一样，每次我迫不及待地去看自己的分数和排名时，她却坐在自己的座位上改错题。我问她："你对自己的成绩都不好奇吗？"她想都没想就跟我说："不是高考，模拟考试考得再好，也只是模拟。模拟是什么，是排练，是用来发现问题的，不是让我因为没考好而伤心，最后失去动力的。"她说完之后，就继续改自己的错题了。

　　那种认真但不在乎的态度，真的让我觉得我和她的境界实在差得太多太多了。和她同桌的那一年，真的让我受益良多，我至今都觉得遇见她是一种幸运。高考之前，整个世界都告诉我高考很残酷，一分千人，而且很多优秀的同学已经拿到了保送名额。在我焦虑到极点的时候，是她用行动告诉我：无论别人如何，外界怎样，高考都是我个人的战斗。与自己没有关系的事情，没有必要在上面消耗情绪。

　　我觉得爱情也是这样，我遇见过很多人，他们都把伴侣当成自己的全部，将自己的喜怒哀乐都建立在对方对自己的态度上，但是这样只会让人越发疲惫。最好的爱情一定是两个独立的人格的相遇，不会因为爱得卑微而心生疲惫，不会因为爱得太过琐碎徒留一地鸡毛。最好的爱情应该是势均力敌，应该是棋逢对手，应该是知道彼此重要但绝不把对方当成自己的全部。

　　在电影《我的少女时代》中，有一个片段让我感觉很戳心。毕业之后，工作多年的林真心褪去稚气，从一个没有主见、笨笨傻傻的少女变成了职场上的精英女性。在忙碌到晕头转向的时候，她忽然停了下来，内心出现了这样一段独白："没有人告诉我长大以后我会做着平凡的工作，谈一场不怎样的恋爱。原来长大没有什么了不起，还是会犯错，还是会迷茫，后悔没有对讨厌的人更坏一点，对喜欢的人更珍惜一点，但是只有我们自己才可以决定我们自己的样子。"

　　我终于明白，人这一生，活得越久，就越应该坚定自己的信念。不管你的信念是关于什么的，但它一定得是属于你自己的，一定是让你觉得可以热爱、追逐一生的。就像《藏在这世间的美好》中说的一样："我们从来无法控制会发生什么事，唯一可控的是面对事件时我们自己的态度。谁都不能安排你的生活，除了你自己，除非你同意。"对于生活，大多数人总是得过且过，然后找很多借口，证明过成这样不是自己本愿。但我们真正要做的是认清自己，勇于尝试，试过才知道能不能得到自己想要的生活。

　　谁都无法不受外界的影响，无法一下子达到"不以物喜，不以己悲"的境界。我们能够做的就是在我们的能力范围之内，坚守住自己的信念，在自己的心中保留一方净土，不管外界怎样天翻地覆，都要让那寸净土始终可以一尘不染。在任何时候，我们都要清楚地知道自己有非常想要追求的东西。你要认识到活着并不是为了任何人，不是为了对父母负责任，不是为了成为任何人眼中的成功人士，不是为了得过且过。真正的活着要让自己不枉来人间走一遭，要活就活得有意义。

不要因为在生活中遇到糟糕的事情就悲伤到不行，到处向人倾诉你的悲哀、你的不幸。让无关紧要的事在你面前变得风轻云淡一些。不要动不动就拿自己和别人比较，你成为不了别人，而且说不定，别人也在羡慕你。每个人都有自己不同的节奏，不要事事与人争黑白、论长短，因为很多时候，没有什么绝对的对与错，要明白：夏虫不可语冰。很多时候，不动声色就是你最好的武器。你要明白人的精力实在有限，禁不住随便消耗，所以不要轻易把情绪浪费在别人身上。别随便听信别人悲观的言论，那是他的人生，与你无关。你值得炫耀并为之骄傲的东西应该是内心真正的满足和幸福。

我一直都觉得成长的过程应该是一个学着把控自己的过程，期间我们应该越来越明白什么重要、什么不重要。我们从一出生，就开始与这个世界对抗，与自己的内心较量，我们一生成长，一生努力，也不过就是为了更好地成为自己的主宰。我希望你经历万千，归来可以"不以物喜，不以己悲"；我愿你内心的山河永远壮阔，愿你始终相信人间值得！

7. 永远不从单一角度看问题——
培养格局的最大真理

明成祖朱棣在靖康之战大获全胜后，准备带兵占领京师。但是，当他准备动身出发的时候，突然意识到自己此番前去无异于是去送死。因为从北平到京师必须要过山东，但是山东民风彪悍，士兵善战，镇守山东的将领也都是万里挑一的人才，其战斗力绝对不是他现在可以匹敌的。

他前思后想，一度觉得自己几乎没了活路，只剩坐以待毙。但是，他身边的谋士道衍提醒他："从北平到京师就一定要打山东吗？"这个时候，明成祖朱棣一下子喜出望外，因为他从思维陷阱里走出来了。他直接避开山东，选择了徐州。然后，他就是凭借着这样的出其不意，坐上了万人之上的宝座。

在日常生活中，我们经常会存在一些定式思维、定式角度，它们就好像是一堵墙，我们只看到了墙本身，却没有想过换一个角度去思考看看是不是可以直接绕道而走。就是因为看问题的角度太过单一，才阻挡了我们做事的效率和效果。有的时候，修炼格局又何尝不是在修炼自己看问题的角度和思维模式？多一个角度，就多了一分解决问题的可能。

最近的一个短视频在社交网络平台很火，视频的内容是在一个风景区内，一个女士看见一位年轻的小伙子正在蹲下给自己的女朋友揉脚，觉得让人好生羡慕。女士可能也是累了，便指着那对情侣大声说："老公你看！"女士的声音把周围所有人的目光都吸引了过来。女士的老公愣了一秒，然后很自然地挽上女士的胳膊回答说："咱们走，不用可怜他。"他说完之后，女士和周围的人都哈哈大笑起来。

女士老公的做法确实值得人们点赞，因为在同样的情况下，我们大多数人都会以为女士的老公应该和年轻的小伙子做一样的事情，但这样模仿十分尴尬，在众目睽睽之下，确实有些让人难为情。如果要是直接拒绝或置之不理，那么就会伤害到妻子，而且还会让周围看热闹的人觉得他情商很低。男士从年轻小伙子未来的家庭地位进行解读，既照顾了妻子的情绪，又避免了周围人对自己的戏谑嘲笑。

事实上，有很多事情如果从另外一个角度看待，会让我们活得更舒服，还会给这个世界带来更多的美好。随着年龄的增大，我们看问题的方式会越来越单一，因为习惯的力量太强大了。恰好我们人类又都是有惰性的，所以这种状况就会愈加明显。想要克服这些问题，就必须掌握一些特殊的技巧。

第一，在固定的日期做关于自己日常生活的复盘，内容包括：自己近日在哪件事情上获得了高度的幸福感和自信心、有没有可以类比推广到自己以后生活中的。当然，内容还包括有没有什么让你特别不满意的事情，尤其是那种影响到你的生活的。然后，根据事件的影响程度，你可以总结究竟问题出在哪个环节，进而思考那个环节是不是自己可以控制的。接着，你设想一下，如果回到当时，自己是不是还有别的什么方式可以解决。最后，你想想这件事情除了给自己带来那么多的麻烦，是否也带来了自己意想不到的好处。可能有人会觉得这个复盘太烦琐，但是它确实能够让我们以更多的角度来看待和处理生活中的各种事情。当然，复盘一定要坚持，毕竟很多事情就是因为坚持才有了意义。

第二，在思考问题之前，一定要把自己带入特定的身份和特定的情境。因为在某些情况下，我们真的不能用常规角度看待问题。比如说，前一阵子引起大家议论纷纷的"女性在坐异性老板的车时，到底该不该坐副驾驶？"这个话题就是一个很好的例子。如果是从工作的角度考虑，员工当然应该坐在副驾驶啊，如果员工坐在后面，那老板不就成了员工的司机了吗？从员工的身份来讲，坐后排，确实不合适。最关键的是，聊工作也不太方便。坐在副驾驶当然是最好的选择了。但是如果从生活的角度出发，副驾驶在当前在这个社会上有着特殊的含义，它的主权是属于老板的女朋友或者妻子的。如果贸然就坐到了老板的副驾驶，一点都不避嫌，就显得员工没有自知之明了。站在不同的角度就会产生不同的看法。这个时候我们就要具体分析，带入不同的身份和情境进行考虑。比如说，老板是否在乎副驾驶位置的含义，老板的女朋友和妻子是否在场，员工和老板是否经常接触等都是解决问题的关键。

第三，怀有一颗包容怜悯的心。很多时候，你不光要考虑到自己的利弊，还要考虑到人情。有的时候，如果站在人情的角度考虑，可比单单考虑利弊要好得多。你考虑的角度中涵盖的方面越多，那么你的角度就越有可能是正确。

在 2008 年的时候，王老吉还是一个不温不火的饮料品牌，盈利能力也不是太强，但是在汶川地震发生后，王老吉竟然捐款一个亿。如果从商业公司的身份上来说，它捐出的这笔巨款，绝对不利于公司当时的经营，这么做会让企业承担很大的风险。然而，王老吉要重新再从市场挣中回这笔资金，则需要很长的时间。它大可以跟别的公司一样，量力而行即可。但是，公司高层却站在了社会责任、人情道义的角度上，毅然决然地捐了一个亿。后来，王老吉一捐成名，成了很多网民心中的偶像。它的口碑迅速飙升，群众甚至自发为王老吉做广告，在网上发帖称"要捐就捐一个亿，要喝就喝王老吉"。所以说，看问题的时候，除了考虑利弊，还要考虑人情，那么结果可能要比你的预期要好很多。

8. 为什么说
你的二十几岁真的糟透了？

　　二十多岁真的是一个很尴尬的年纪，你刚刚走出校园，明明觉得自己还是个孩子，可是这个世界偏偏马上对你动了真格。让人心疼的是，剑未佩妥、出门已是江湖的你只能叹口气，硬扛下整个世界对你的恶意。二十几岁的你除了年轻，一无所有。一开始，你有梦，也敢说，也想做。可是，你后来才发现：你的年轻本身好像就是错误，因为你的年轻，所以你被剥夺了话语权，好像你说什么都是错的。

　　为了早点结束漂泊的生活，你对工作的待遇要求一降再降。你穿着十几块钱的淘宝服装，日复一日地吃着那家优惠给的比较多的外卖，熬夜加班几乎成了常态，私人时间被挤压得越来越少。终于发了工资，你本来想好好犒劳一下自己，却发现：交了房租和水电物业费之后，余额几乎所剩无几了。你拼了命地省吃俭用，但是存款几乎还是为零。

你本来想回家好好放松一下，但是父母会一遍又一遍地念叨："你都老大不小了，怎么还没有对象呢？"你听得不耐烦了，很想冲他们大吼："你们到底够了没有？"可是，你突然发现父亲不知道什么时候，已经驼背驼得很厉害了，母亲好像也真的快变成老太太了。于是，你选择了沉默，告诉自己不听就行了。后来，父亲无意中说的那句"我好像有点干不动了"，让你感到很心疼，你觉得自己不能再任性了。可是，相完亲回来，父母问你满不满意的那一刻，看着父母满怀期待的眼神，你又犹豫了。说不满意，对不起父母；可要是说满意，你又对不起你自己。

于是，你沉默，你迷茫，你痛苦，你挣扎，你会在无数个夜深人静的时刻，孤独地流着泪问，自己怎么就一步步地把生活过成了这个样子。

二十多岁的你本来想改变这个世界，可是你最后却不断地被这个社会改变，你也清楚，你不成熟，你也想少走弯路，早日成功。二十多岁，你需要掌握很多的道理，它们不能让你一步成功，但是它们至少可以让你少吃点苦。下面的这四点，也许就是你的人生助力器。

1. 不惜任何代价，停止拖延

我们为什么会拖延？也许是因为对工作的厌恶；也许是因为诱惑太多，实在无法抗拒；也许是为了逃避压力；再也许是因为我们怕极了失败……但这些都不是我们用来拖延的借口。当代社会的发展节奏远远超过你成长的速度，今日事今日毕，尚且不够，竟然还妄想拖延，简直就是一种自杀的表现。

为了克服拖延，你首先要做的就是给自己确定一个明确的目标，然后不断地细化目标。比如说，你今天要完成一篇文章，那么你就要在你的日程上写下计划，然后细化步骤。你如果计划上午十点之前写完文章，那你首先要打开电脑文档，然后确定好文章的标题，接着整理好文章的结构，准备好写文章所需要的材料，写好文章的前五百字，最后完成。就像这样，把一个大的目标不断地细化，细化出来的步骤越详细，你的执行效率就会越高。每完成一个步骤，都会让你获得一定的成就感。当你继续执行下一个步骤时，你就会发现自己越做越快，根本停不下来，直至完成目标。

2. 早睡早起，绝对不让熬夜成为习惯

身体是革命的本钱，这句话永远不会过时。二十多岁的我们，熬夜几天对我们来说也许不成问题，但是如果持续性地熬夜，那对身体的损耗是不可逆的。很多时候，我们觉得浑身乏力，无法集中注意力，做事效率低下，并不是因为我们能力不够，而是因为我们的睡眠严重不足。一年里面，你在十点之前睡觉的次数屈指可数，即使有早睡的想法，可到了凌晨十二点的时候，你依然刷着手机，丝毫没有睡意，反而越刷越精神。你想要早睡早起，就要克服睡前玩手机的习惯，你可以在睡觉之前，把手机放在远离自己身体的地方，然后平躺在床上，慢慢地放空自己，直至睡意袭来。睡眠的质量可以决定你的生活质量，包括压力在内的很多精神问题，都跟睡眠质量有关系，所以说一定要重视你的睡眠，绝对不让熬夜成为习惯。不熬夜是你自己对你自己最大的善意，也是一个成年人最高的自律。

3. 切忌交浅言深，不要轻易暴露自己的真实情绪

职场就是职场，交到朋友是你的幸运，交不到朋友是一件理所当然的事情。不要不管碰到谁，就马上向其倾诉你的所有心事，你把他当朋友，他可能想着明天怎么踩着你上位。其实就算你说了也没有用，没有人会理解你的悲伤、你的痛苦、你的孤独，你自揭伤疤的行为在别人看来就是一场笑话。不要随便就暴露自己的真实情绪，真正的成熟应该是不动声色，爆发情绪不能解决任何事情，反而让得意的人更得意，恨你的人更恨你。所以，我们应该学会管理自己的情绪，尤其是负面情绪。白岩松曾经说过："在你最难过的时候，应该怎么做？答案只有一个字，那就是——熬。熬过去了，一切就都好办了。"你要相信，只要你能熬过去，你就是最大的赢家。

4. 人生的规划越早做越好

虽然我们说计划赶不上变化，但是有一个大体的方向，总要比无头苍蝇似的乱撞好得多。真正厉害的人，都是有着清晰而明确的目标的人。有不断试错的勇气自然是好的，但是这种做法所需要付出的成本也是巨大的。二十多岁，越早规划好自己的人生，就会越有可能走在同龄人前面。而且，人生规划做

得越好，你就越能掌控自己的人生，这样才不至于被生活和现实裹挟，不至于只能被迫随波逐流。只要你有了目标，你就会有了努力的方向。它也可以缓解你的焦虑，平衡你的工作和生活。所以说，人生的规划越早做越好。

无论二十多岁的你有多糟糕，你都应该鼓起勇气相信"过往为序，未来可期"。我们要以星星为目标，那样的话，即使掉下来，还能落到树梢上。二十多岁的年纪，你大有机会可以成为那个不动声色得到整个月亮的人。你只需要坚信最终你所有的努力，都会变成你的运气。请你永远记住，如果没有人护你周全，那你就要让自己优秀到没有软肋！

9. 格局是经历过最好，
   也可以承受最坏

前一段时间，报纸上有这样一则新闻：上海一名十七岁的少年，由于和他的母亲发生了口角，便直接转身跳下了大桥，动作不带一点犹豫。整个过程只有 5 秒，他的母亲连反应的时间都没有。母亲在看到儿子跳下大桥后，一下子瘫坐到了地上，痛不欲生地大哭起来。

这个新闻在社会上引起了轩然大波。很多网友都评论说："现在的孩子究竟是怎么了？是不是太脆弱了？好像什么都不能经历一样。他这样纵身一跃，何止是对自己生命的辜负，他还带走了一个家庭的希望和幸福。"

看着画面中的少年像风一样跳下去的那一刻，我不禁疑惑：他的动作这么果断决绝，他在跳桥之前究竟经历了怎样的绝望呢？为什么一点口角就会让他采取这么激烈的行动呢？

人这一生注定要有很多经历，它们或痛苦，或喜悦，或难忘。每一个不同的经历，都在改变着我们的人生轨迹。我们的天性好像就是一旦享受过成功，就很难再接受失败。凡是能够克服这种天性的，一定是有大格局的人。反观那些，只能享受成功、不能享受失败的人，纵然手里面握着再多王牌，最后也只能一败涂地。好运只能是一时的，绝对不是一世的。

读历史的时候，很多人都说西楚霸王项羽真是有气节，打了败仗之后，因无颜面对江东父老，宁愿拔剑自刎，也不愿意苟活于人世。但是我却觉得，他虽然有气节，却少了一种勇气，少了一种东山再起的勇气。如果是真英雄，是有大格局的人，绝对不会为了一时的失败，而放弃自己的性命，因为他们坚信，往后一定还有成功的可能。他们也不会因为成功而得意忘形，在成功来临的那一刻，他们就已经想好了怎样取得下一次成功，而不是沉溺于当下的荣光里。

我们不得不承认，没有人愿意让无缘无故的倒霉事情发生在自己身上，但是我们也必须要认识到，有痛苦才会有成长。因为承受过最坏的，才能永远保持一种危机感，才能更好地坚守成功，才能一直享受最好的结果。

虽然人都是感性的动物，但是无论遇到怎么样的极端情况，我们都要保持云淡风轻的心境——一种通过不断的磨练与一次次的积累才能达到的境界。那究竟怎样才能让我们无论经历了什么样的困境，都能够迅速调整状态，以保持内心的平和呢？

首先，我觉得做任何事情都不能有太强的功利心，一旦功利心太强，就接受不了失败，接受不了挫折。越是急着去获得，失去的就会越多。看看赌场上的赌徒你就知道了，他们也知道赌博不好，但是还是戒不掉赌瘾，原因很简单，他们求钱心切，目的性太强，这样就导致他们越赌越输，越输越赌，直至一无所有，倾家荡产。有的时候，成功人物往往是因为功利心不太强，才能专注做事的过程，因为专注，心中无杂念，所以反而容易成功，反而容易获得最好的结局。

很多时候，我们不是不能接受最坏的结局，而是我们不能接受失败之后别人看我们的眼光。我们太在乎自己的面子了，我们习惯性地享受人们的掌声和鲜花，却承受不了别人的无视和诋毁。我觉得把自己的面子看得太重的人，不仅仅活得很累，抗压能力也一定很差。

20世纪90年代，我的一个大伯到县城里去买化肥，巧的是那里正在搞抽奖活动。大伯心想来都来了，就凑个热闹吧，便登记了名字，拿到一个带有数字的小票。大伯没有把这个当回事，小票也随手丢到了一边。但是下午宣布中奖名单的时候，他竟然被告知中了特等奖，奖金2000元。在那个年代，这可不是小数字，除此之外，奖品还有冰箱和彩电。大伯高高兴兴去领奖，但是等到人家问他要小票时，大伯突然发现，小票找不到了。即使大伯记得自己小票的数字，别人也能证明大伯确实是中奖人，但是人家说，没有小票不能兑奖。

大伯本来觉得这没什么，即使没有这些奖品他也依然可以过日子啊。但是村子上的人都替他惋惜，都背地里说他命不好——"2000块钱，能抵上好多年的收成了。""真是可惜了，这么大的人了，连张小票都没有保存好。"指指点点的人越来越多，大伯终究是受到了刺激，开始夜不能寐，最后甚至精神间歇性失常，只有吃药才能控制。

所以说，别把面子看得那么重，或者不要把别人对你的看法看得特别重。毕竟自己的幸福与别人无关，当你不在乎别人的看法的时候，任何人都伤害不了你！

想要经受得住生活的大悲大喜，还要经常在生活中锻炼自己的延迟满足能力。什么是延迟满足？美国心理学家M.斯科特·派克在他的著作《少有人走的路》中提出了"延迟满足"的概念。书中将其描述为："不贪图暂时的安逸和享受，重新设置人生快乐与痛苦的次序。"具体来说，它是一种克服当前的困境，力求获得长远利益的能力，让你能更好地应付生活中的挫折、压力和困难，帮你抵挡住即刻满足的诱惑。如果你拥有了这种能力，那么你在面对成功的时候，就不会过度洋洋自得，只看眼前；在面对失败的时候，就会更加坦然，可以拿出"悟已往之不谏，知来者之可追"的态度。

格局之大，在于容纳，要在心里真正地接受"胜败乃兵家常事"这个事实。人生苦短，无论是到达顶峰，还是跌落谷底，都要学会释怀。就像三毛在《少年愁》里说的："我们一步步走下去，踏踏实实地走下去，永不抗拒生命交给我们的重负，才是一个勇者。到了蓦然回首的那一瞬间，生命必然给我们公平的答案和又一次乍喜的心情。"

第三章

格局的形成

1. 时代不仅造英雄，
还会造就新格局

　　清晨被手机闹钟吵醒之后，我们一天的"刷"生活就开始了。首先，我们要刷的是自己的微信，看看有没有重要的信息。然后再打开其他软件，动动手指，轻轻点击刷新，海量的全球新闻就会向我们袭来。突然，我们想知道自己昨天在网上买的东西到什么地方了，于是打开淘宝，刷新一下，快递信息便精确地显示出来了。洗漱好之后，我们刷了一下外卖平台，刚下订单没多久，外卖人员就提醒你，可以出去取餐了。吃完了早餐，我们准备出发和朋友出去游玩了，在经过楼下的饮料自动贩卖机时，我们使用刷脸支付，拿到了自己想喝的饮料。我们只需刷一下手机，网约车就会来到我们跟前……

　　我们所处的就是这样一个"刷时代"，节奏快到超乎你想象。"刷时代"给我们提供了太多的便利，但是它也将我们一部分人残忍地抛弃。一瞬间有一百万种可能，绝对不是玩笑话。

一夜成名，一夜暴富，一夜之间倾家荡产，在这个时代来讲，都是很稀松平常的事情。有人说："这个时代让成功变得更容易。"也有人说："这个时代让生存变得更艰难。"

在这个瞬息万变的"刷时代"，我们的格局也在被不断刷新。格局也在这个时代也显得更为重要，因为它不允许你的格局太小，否则你就面临着被"OUT"出局的下场。在这个"物竞天择，适者生存"的法则比任何时候都要实用的新时代，我们自然要有新格局。只有这样，我们才能占领这个"刷时代"的战略高地。

那么，配得上新时代的新格局到底要"新"在哪里？我们如何把这种"新"应用在我们的实践中？这种"新"又会带给我们什么样的改变？

首先，你的格局应该由"陌生的就是有风险的，专注自己的特长"变为"不断尝试新的可能，不会就去学"。"刷时代"让这个社会变成了全民学习的社会，互联网给我们提供了太多可以学习的途径。不要妄想可以一直待在你的舒适圈内，在这个时代根本就不存在什么所谓的长久舒适圈，在这个时代谁都不要妄图一劳永逸。不要故步自封，不激发自己的潜能，你永远不知道自己多么有天赋。

我的身边有一个同学是学美术的，跟她一起上学的时候，她自己认为：她这辈子天生就适合画画。可是后来，她突然觉说一口流利的英语是一件很酷的事情。于是，她就开始凭借自己薄弱的基础，自学英语。她本来也只是玩玩而已，但是后来她发现相比于画画，她可能更适合学习语言，三年过去了，和外国人正常交流对她来说已经不成问题了。后来，她的英语水平成了她事业最大的跳板，她由一个画家变成了一个外贸精英。所以说，不要觉得陌生的就是有风险的，拿出不会就去学的劲头。说不定，你不经意间的尝试就能改变你人生的整个轨迹，能让你看到更美的风景，遇到更好的人。

在这个时代，你还要意识到，存钱不再是一种很明智的选择了。学会理财，学会投资应该是一项你必须掌握的技能。你以为存钱是保障，但是看不见的通货膨胀已经把你的钱贬得一文不值了。不要见到别人就向他们吹嘘你的银行里有多少存款，你的存款真的不值得炫耀，真正有头脑的人，是不会把自己所有的钱都存在银行里的，因为钱会越来越不值钱。不要再故步自封，觉得存款即保险，因为这个时代是一个投资的时代，是一个理财的时代。当然，这里所说的投资和理财并不是让你冒着巨大的风险去跟风炒股或者买一些乱七八糟的基金，而是让你在风险可控的范围之内，让自己的钱保值甚至升值。其实，理财、投资和你的钱多钱少没有太大的关系，它更重要的目的是让你的财务状况在长远的时间中保持健康。

十多年前，赶上房地产热潮的那群人现在已经赚得盆满钵满了。那时，他们中的不少人手里面也没多少资产，但是他们面对不确定性的时候，有理财和投资的意识。所以，事实也证明，谁有投资和理财的意识，谁就是后来的赢家。

最后，身处这个时代，你要明白选择有时比努力更重要。古人就曾云："欲事之无繁，则必劳于始而逸于终。"做事之初一定要慎重选择，才会有好的结果。就拿事业发展来说，一开始你选择了一个夕阳产业，那么任凭你再怎么努力、再怎样挣扎，都无法突破天花板一样的上限。因为那是整个时代的趋势，你一个人绝对无力改变，你的努力只能沦为无用功。相反，如果一开始你就进入了一个朝阳产业，你几乎不用费太大的力气，就可以获得成功，走在时代的前沿。

白岩松在他的《痛并快乐着》中曾说，那个时候大家都认为报纸行业是铁饭碗，毕竟电视传媒在当时根本就没有普及，电视台的环境也很简陋，远远比不上报纸这个已经发展得相当成熟的行业，但是他还是凭借着自己的直觉和别人的帮助从报纸转向了电视传媒。后来，报纸行业很快就没落了。他自己有的时候也在想，如果当初自己选择了报纸行业，还会有今天的白岩松吗？如今互联网出现，未来会怎么样谁也说不好。我们唯一能做的就是做选择的时候，慎重再慎重。无论如何，我们都要明白，努力会让你及格，好的选择才能帮助你变得出色。

回顾历史，我们会知道，每个时代都会有属于自己的英雄。每个时代也都会塑造出不同的世界观、人生观和价值观。虽说在时间的洪流面前，我们的生命只能算得上是沧海一粟，但是我们还是要努力让自己的格局跟得上时代的变化。心态上拥抱变化，能力上不断提升自己，活出在这个时代属于自己的精彩，永远为了追求更好的生活而主动出击。

2. "出身即格局"
是一个有前提的真命题

出身确实决定了人一生的太多东西，事实就是这样，没有什么好避讳的。在你跋山涉水却看不到丝毫希望、只能哀叹"万般皆是命，半点不由人"的时候，有的人一出生就已经在你奋斗的终点上悠闲地享受人生了。

出身比较好的孩子，天生就带着自信，他们相信自己早晚会成功。那种自信，是后天怎么样都没有模仿学习的。出身不好的孩子，不论表面上表现得再怎么阳光开朗，自卑和害怕也会刻进骨子里，伴随他们一生。我们也都知道，机会总是伴随着风险来临的，出身好的孩子更能抓住机会，因为他们有承担得起机会所带来的风险的自信，但是出身不好的孩子不一样，在机会面前大多时候他们都会选择退却。因为他们怕极了失败，一点点风险就有可能毁了他们辛苦打拼的全部，他们真的赌不起。

　　所以说，出身即命运或出身即格局确实是真命题。但是，如果悲哀地把这个真命题当作定论，那样未免太过让人绝望，而且社会上很多人的存在就没有了意义。可是，"存在即合理"也是一句真理，格局是动态的，出身即格局是一个有前提的真命题，前提包括个人努力程度、时机、坚强的程度等。这些前提就是破解问题关键所在。

　　尽管努力在出身面前，看似根本就没有任何意义，但是我们要把格局放大，把目光放长远。也许倾尽一生，你都没有办法到达别人的起跑线，但是如果能让后辈的平台高一点点，那么这份努力就是有意义的。日积月累，物换星移，一代人有一代人的积累。任何有财力的显赫家族都不是一下子出现的。换句话说，就算你终生都到达不了罗马，能努力离罗马更近一点，也是有意义的。只要你愿意努力，你就还有反败为胜的可能，你越努力，你懂的就会越多，格局就会越大，阶级也会不断上升，成功的可能性也就越大。

　　"生于忧患，死于安乐"也是经常会发生的一件事。越是出身不好的孩子越是能理解什么是"玉汝于成"；出身相对较好的孩子，习惯了在温室里成长，他们的危机感就会显得相对较弱一点。所以他们自身努力的意愿就不会太强。

　　现在的这个社会是一个瞬息万变的社会，它所给人们提供的机会比任何时候都要多得多。电商、自媒体和短视频的出现让普通人有了抓住机会、创造成功的可能，所以只要敢想敢干，那么打一场漂亮的翻身仗也不是不可能的事情。在这个时代，游戏打得好都能赚钱。尽管出身决定了很多东西，但是如果能抓住时机，那最后成功的概率也会变大。所以说，不要悲哀，不要绝望，毕竟我们要知道，必定有人从尘世中来，掌握了泰山剑法，稳稳将社会地位提高到了山巅。既然有，那为什么不是你？

我们再来谈坚强，光脚的不怕穿鞋的，这句话俗是俗了点，但是它确实实实在在地道出了社会的现实。穷人的孩子早当家。有的时候，只有经历过苦难的人，才能做到真正的坚强。看看现在创业成功的大佬：任正非、王健林、马云……他们在创业过程中一定是吃了别人不能吃的苦。王健林曾经在一次访谈中说到，他在创业之初，为了签一份单子，曾经无数次地站在人家楼下，等得都快绝望了，但还是忍了下去。因为从泥泞中走出来的人都知道，除了坚持，除了坚强，自己一无所有。正是因为他们当初的坚强，所以才会有了现在传奇一样的人物。反观很多出身不错的孩子，他们大多数在成长的过程中顺风顺水，因此很少遭遇挫折。但是，社会上总是会存在竞争的，他们也难免失败，然而出身为他们留了后路，因此很多时候他们不会选择坚强地挺下去，而是想着从另外一个方向重新开始。所以，在遇到苦难的时候，别放弃，只要用你的坚强熬过去，就是柳暗花明，就是你自己的新生。

如果是出身不错的孩子，那么就应该珍惜自己出身和自己的命运，也应该感恩自己的前辈可以给自己提供这么好的基础。不过要明白，一代人有一代人的责任，不要在纸醉金迷中迷失了自我。抓住命运送给你的礼物，也要守护好这份礼物。有的时候，可能拥有的越多，越是不确定自己想要的究竟是什么。所以，不要把前辈的成就当成自己的功勋，要努力创造属于自己的财富。

如果是出身不好的孩子，不要认定自己的格局永远不会变大，不要跟随看似是上天注定的命运。其实有的时候，是你的悲观杀死了你未来的无数种可能。不要因为不曾被这个社会温柔相待，就充满戾气和恶意，那样只会使你输得更惨。你觉得出身就是你的原罪，你自卑、你委屈、你绝望，但是这些都没用，还不如脚踏实地努力。其实，不必排斥你的自卑，它是你的一部分，但不是全部，你还有其他部分，还有很多闪光的特质。世界很大，很多道理你都会慢慢明白的，格局也是一点一点修炼的。

人活一世，最怕的就是在该做出改变的时候，却偏偏相信了宿命。不管出身如何，你都要把格局变得越来越大，明白这世间没有什么永恒。在乎你该在乎的，抛弃你早就应该抛弃的，只有这样，你才能将此生尽兴。也许历尽千帆之后，突然有一天，你会明白过来，原来命运的安排是这个意思。

3. 教育是决定格局的重要变量

　　在没有上大学之前，我一直认为自己努力读书的目的就是为了上一所好大学，将来拿一个好文凭，不至于为生活所迫。只是因为社会需要这个文凭，而不是因为我想上学。后来，进入了大学，我才明白，其实接受教育的终极目的在于塑造自己的世界观，培养自己的格局。我开始明白努力的意义，不是为了去换取成功，不是为了去超越别人，而是为了满足自己想要体验更广阔世界的欲望，是为了尽情享受自己的生命，是为了让自己拥有更多的选择，是为了遇见一群更好的人，是为了遇见一个更好的自己。

　　教育究竟有多重要？功利一点来讲，这个社会的发展，需要更多的脑力，而不是人力。我们想要更好地成才，更好地适应这个社会的发展，就必须要接受教育。就算是为了将来的温饱考虑，也要不惜一切代价接受教育。

　　说到教育，我们就要谈到高考，谈到应试教育。我们大部分人都是从应试教育中走过来的，所以我们了解应试教育的痛苦，但是我们确实也要承认，尽管应试教育不完美，存在诸多弊病，但是高考确实是目前来说，最公平的竞争了。我们想要打破阶级壁垒，最关键的是突破自己的认知局限。只有通过接受教育，你才能认识更多优秀的人，进入更高层次的圈子，不断地提升自我。就像白岩松说的："没有高考，你拼得过富二代吗？这是非常真实的东西。但是从另一个角度来讲，我能不知道现在高考有多少问题吗？高考恢复，恢复的不仅仅是高考，更是多少代中国人的公平、尊严、梦想。"

　　教育除了能给你面包，还会让你明白自己是一个什么样的人，自己想要与什么样的人携手过完怎样的一生。我们当中的很多人，都没有足够的经济能力行万里路，但是教育却能让我们在书海里与各式各样的前辈对话，读完他们的一生，回头想想自己，然后你会明白：原来人的一生可以这样过。

　　我有一个发小，她初二的时候因为种种原因辍学了。在我上大一那年，她结婚了，我得到消息时很诧异，我问她是不是因为喜欢对方而结婚的。她说："唉，说实话，有什么喜欢不喜欢的。他家庭条件还可以，反正能养活我，不受什么罪，就够了。"我听完她的话之后，突然感觉很悲哀，并不是因为她没有嫁给爱情，而是她说的"养活"二字。在结婚之前，她就已经有了后半生全部依赖别人而活的念头了。有了这种念头之后，没有了独立的精神，她可能就变成了父母的续集、丈夫的番外、子女的前传和朋友的外篇，却独独没有自己的剧本。如果她的丈夫不值得她依赖，那她余生的幸福应该怎么办？

我听了之后想劝她，但在我还没有说出口之前，她又说了一句："女人除了嫁人，还能怎么办呢？"我有千言万语，有很多很多的道理想要对她讲，可是在那一刻，全部都化为沉默。因为我知道，纵然说什么，都阻止不了她，因为她把婚姻当成唯一的选择，我唯一能做的，也只是祝她幸福。

在电影《无问西东》里，光耀的妈妈曾经对光耀说过这样一段话，让我很受触动："当初你离家千里，来到这个地方读书，你父亲和我都没有反对过，因为我们想你能享受人生的乐趣，比如读万卷书行万里路，比如同你喜欢的女孩子结婚生子——注意，不是给我增添子孙，而是你自己能够享受为人父母的乐趣。你一生所要追求的功名利禄，那些只不过是人生的幻光，我怕你还没有想好怎么过这一生，你的命就没了。我不希望你去追求什么光宗耀祖，我只希望你能细细想清楚你的一生要如何度过，我希望你能找到一个一生挚爱的人，能尝到儿孙之乐，这些都是为你，不是为我。"

我们接受教育，是为了形成自己独立的思维，然后以自我的角度去解读世界，解读人生。除了要"Be better（变得更好）"，还要"Be different（变得不同）"。

如果没有自己独立的思维，你便只能人云亦云，只能随波逐流，只能浑浑噩噩地混日子。这样的人生，太辜负光阴。

　　除此之外，我觉得教育不仅仅会给个人带来好处，还会给整个世界带来好处。教育能让我们明白，即使彼此不了解，也要互相尊重。我记得有一次去一个国际学校帮助同事照看兴趣班的孩子。其中一个一年级的小男孩问道："那个黑人老师怎么没有来？"我还没有来得及说话，旁边一个二年级的男孩子马上对那个一年级的孩子说："你这样是不礼貌的，我们老师说，因为大家来自不同的地方，晒太阳的时间长短不一样，所以肤色就会不一样。你不能用别人的肤色来称呼别人，假如我叫你黄人小孩，你也会不开心的。"听他说完之后，我真心感觉教育是一件非常美好的事情。看着一年级的小男孩似懂非懂的样子。我告诉他："老师知道你不是故意的，也知道你一定记住了小哥哥说的话。老师相信你以后一定会做得很好，对吗？"看着他乖巧地点头，我突然明白了教育的伟大。

　　雅斯贝尔斯曾经这样描述过教育，我觉得准确到不能再准确。他说："教育是人的灵魂的教育，并非理性知识的堆积。教育本身就意味着一棵树摇动另一棵树，一朵云推动另一朵云，一个灵魂唤醒另外一个灵魂。有灵魂的教育意味着追求无限广阔的精神生活。"因此，教育是决定格局的一个重要变量。它会在最大程度上提高我们的格局，让我们的人生变得更加情韵悠长、光明磊落，让我们认识世界，也认识自己。

4. 阅历是影响格局的重要元素

年轻的时候，你总是意气风发，总觉得剑走偏锋才赢得痛快，你目中无人，你以征服这个世界为己任。你发挥一点小聪明，就恨不得让所有人为自己鼓掌，明明莽撞得要命，却以为自己无所不能。但是那个时候，你的格局其实小得只能容得下自己。

十五岁的时候，你暗恋一个人，原因可能是她（或他）上台解题的样子很酷。当时你以为，她（或他）一定是全天下最完美的那个人。但是，二十五岁的你会知道，原来会解题也没有什么了不起，因为此时你遇到过很多天赋异禀、成就非凡的人。二十岁的时候，你追求自我，以为抽烟、喝酒、纹身才是个性。但是三十岁的你突然觉得，有一个好身体，安安稳稳地生活比什么都重要。四十岁之前，你觉得自己天生放荡不羁爱自由，父母的唠叨已经让你受不了。四十岁之后你却觉得，你越来越想待在家里，即使是父母的唠叨也很悦耳……

为什么我们的心态变化会这么大？就是因为阅历太少。经历得越少，就越觉得自己知道的多；经历得越多，反而对这个世界越是敬畏，越是觉得自己知道的少。

很多人都说："听过很多道理，仍过不好这一生。"这是为什么？因为阅历太少了，因为很多事情，非要亲身经历、亲身感受、亲身见证过，你才能懂得其中滋味，才会把它牢牢记住，才会痛定思痛地把从挫折中学会的道理运用到生活中。

到底什么才是阅历？不是躺在床上看几本悲情的小说，就觉得自己掌握了爱情的全部真理；不是读了些鸡汤，就觉得自己看破了人生。醒醒吧，这些都不是真正的阅历。真正的阅历，应该是让你成长起来、让你真正悟出生活道理的经验。

如果一个人的阅历够丰富的话，他一定见识过世间百态，经历过风风雨雨，他能对这个世界更加温柔，更加包容。阅历丰富的人明白，没有必要为了一些鸡毛蒜皮的事就大悲大喜，浪费自己的情绪。

其实，年龄和阅历没有太直接的关系，不是说你年龄越大，你的阅历就越丰富，而是看你从自己的经历中反思得到了什么，这才是决定你阅历的关键。

那些有着丰富阅历的人，纵使他们的领域千差万别，也都会告诉我们下面的这几个道理。虽然说我们未必现在就会懂，但是我们可以试着去体会，看看有哪些道理是自己已经明白的，哪些道理自己还未亲身经历的。即使现在不能理解的也要记下，我想总有一天，等到我们的阅历也像他们一样丰富的时候，或许在某一个瞬间，可以参透它的真谛。

第一，世界上所有的事情都有它独特的运行法则。只要你找到了这个法则，你就找到了解决问题的命门，就会少费很多力气，获得相对较多的成果。

这句话的意思是：不论是在任何行业或者领域，提高技能与能力的最有效的方法都遵循着一系列普遍法则。美国著名心理学安德斯·艾利克森的著作《刻意练习》讲的就是这个道理，刻意练习是黄金标准，是迄今为止所发现的最强大的学习方法。刻意练习的基本法则是：观察——模仿——反思——提升。

曾经的我在英语学习的过程中，总是一边学一边忘，直到懂得这个刻意练习的方法，我才知道我没做到反思或者说给自己反馈这一环节。我从来都是直接做题，虽然会改正，但是从来不曾反思错误的原因，这就导致有的题我会做错一遍又一遍。在接触刻意练习的方法之前，我一直很懊恼，但是从来没有真正地解决过自己的问题。这个方法适用于很多场景，不管你是干什么，都不要毫无目的马上就做，重要的是抓住事物的运行原则。找到这个原则，你就成功了一半。当你阅历足够丰富的时候，你就会发现有些人学习新的东西很快，学习能力很强，只是因为他找对了方法而已，

第二，有的时候慢也是快，厚积才能薄发，一开始不蓄力

的人，真的跑不远。

现在的这个社会，大家都很急功近利，人们很容易被表象蒙蔽双眼。互联网给人们带来了很大的便捷，但同时也会让人变得浮躁，各种"14天速成营"应运而生，每个人都渴望一夜之间脱胎换骨，但是，越是着急，越容易跌倒。很多时候，你只看到那些成功人士飞速上升事业，却不知道在此之前，他们已经有了数年甚至数十年的积累。没有足够的经验，却想着一步登天和一夜成名，只会让你遇到更多的挫折。所以说，凡事慢慢来，稳扎稳打，尽量避免错误，也能达到一种"速成"的效果。

第三，朋友的保质期没你想象的那么久。

你还记得小学的时候，和你约定好要一起长大的那个人吗？可是后来，你们几乎没有了联系。你和高中同学在毕业那晚发誓，定下三年之约、五年之约、十年之约，保证聚会时所有的人都会悉数到场。然而，你们却再也没有聚齐过，每次来聚会的人也是越来越少，到了最后，你除了跟要好的那几个同学还保持着亲密的联系，剩下的就只有朋友圈点赞的关系了，有的人甚至变得杳无音信。我们总是妄想友谊会天长地久，总是妄想感情可以跨越时间。但是事实上，没有时空的绑定，没有时常的互动，关系一定会越来越淡，友情虽然存在于历史，但是却实在难以超越历史。

你需要明白的道理还有很多很多，但是所有的道理最终还是要靠你自己去经历总结。随着你一点一点地探索，阅历会慢慢增长，而你也会找到驱动人生向前的动力。岁月的淬炼会让你既能欣赏江南的温柔，也会赞叹北方大漠孤烟的奇景。这个世界上真理无穷，但是你要明白，近一寸有一寸的欢喜。愿你最后能够形成，容得下世界的格局。

5. 物以类聚，人以群分——
格局影响社交

2017 年乌镇峰会的时候，有一张行业大佬聚餐的照片刷爆了我们的朋友圈。照片中，马化腾、刘强东、张磊、雷军、杨元庆等 16 个人围坐一圈，面朝镜头。如果将他们每个人的学历和创立的企业一一标明，着实阵势十足，不能不让人赞叹！看到这张照片，人们都纷纷表示，果然大佬都和大佬一起玩儿，我等凡人只有看照片的份儿了。

他们为什么能坐在一起？原因很简单，大家实力势均力敌，格局也都十分相似，坐在一起自然有说不完的话，彼此心里都清楚对方能给自己带来什么样的价值。聚餐是借口，交流眼界、三观、格局，共享信息才是真。

一个大中华区的投资总裁绝对和一个退休遛弯的老头聊不到一起去。为什么？因为一个从事动辄上百亿投资工作，满脑子思考哪个国家的经济数据有可能产生波动，自己应该怎样应对这些波动；另一个退了休，心里眼里关心的都是哪个超市的蔬菜又打了折，自己要赶紧买回来。所以，两个人根本就不可能走到一起聊天，也没有什么可以交流的内容，就算坐在一起聊天了，对两个人来说也都是一种煎熬。

事实上，物以类聚，人以群分，这是千年来不变的道理。不要妄想出淤泥而不染，这是概率极小的事件，一般人几乎做不到，因为人都会受环境潜移默化的影响。其实格局也是如此。

你身边人的格局，就代表了你的格局。

我一直都认为，低质量的社交不如高质量的独处。其实，真正的社交的终极意义就是成就别人和被人成就。高质量的社交应该是让你遇见更好的自己。那到底要怎样做才能提高我们的社交质量，摒弃无用的社交呢？

如果从功利一点的角度来讲，社交说白了就是利益的交换。我们需要通过社交学习，获得一些我们想要的东西。想要提高自己的社交质量，你需要做的第一步是建立一个社交的标准，也就是筛选社交对象。你的社交标准很重要，它直接决定了你最终的社交对象的质量。所以，你要尽可能将社交标准定得高一点。人的天性是喜欢和那些能力不如自己的人进行社交，原因是我们非常享受和他们社交时带来的优越感。但是这往往是愚蠢的行为，因为你既然想要进步，那就应该挑选那些能力相对较强的人物作为你的社交对象。尽管有时候你会感到压力，但正是因为这种压力，你才会被推着往上走。

在你建立起你的社交标准之后，你要做的就是打造自己的社交品牌。优秀的人总是相互吸引的，一直向上的人，最终一定会相遇。既然是做交换，那你也要拿出你的价值。即使你的能力不是很强，也要保持积极乐观的心态。你必须要有一颗上进的心，优秀的人才会愿意和你进行社交。

那到底如何创立自己的社交品牌呢？

第一，要待人真诚。这里面的"诚"字包括了两个含义。首先，"诚"是真诚。如果在有利益牵扯的时候，你和别人打得火热，在没有利益合作的时候，你就消失匿迹，那么在别人眼中，和你保持社交关系完全没有任何价值和用处，别人不会让你长久地待在他们的社交名单中。其次，"诚"是诚信。答应别人的事情，就一定要做到，否则当初就不要允诺。诚信是做人的基本准则，出尔反尔，没有诚信，是自毁前程的做法。

第二，想要打造自己的社交品牌，还要学会主动投入。互联网的发展其实让我们的社交更多的变为了线上社交，已经为我们节省了很多的时间和精力了。在线上社交上，我们需要做的就是肯花时间与人沟通，浏览别人的朋友圈，了解别人的喜好，建立彼此的信任。如果必要的话，我们还可以进行电话交流，甚至线下约见。更重要的是，在有能力帮别人一把的时候，就帮别人一把。这也算是一种投资，而且绝大多数的情况下都会有所回馈。

从功利的角度谈完了如何进行高质量的社交。那么从实际生活的角度呢？你一定要知道，在自己的社交标准下，一定要保留一些特殊的社交对象，和他们交往是为了单纯地倾诉感情和分享爱好的，是为了让你感觉到被社会关系支持而不被边缘化的。你们之间的社交应该是一种特别舒服的关系，即使在你给对方发完信息之后，对方并没有秒回，你也能够确信这个人一定懂你。你要交一些朋友，你们要给彼此一种任何时候都不会丢下对方的安定感。你们要无话不说，你们要互相欣赏，你们要共同向上。

那么，如何摒弃无效的社交呢？你一定要学会拒绝，如频繁的酒桌社交，你也清楚这样的社交除了娱乐消遣，不能带给你任何价值。如果与你社交的对象，只是长期地向你索取陪伴，你也不要不好意思拒绝，因为拒绝是你的权利和自由。与其在无用社交中浪费精力、徒增懊恼，还不如干干脆脆地拒绝。当断不断，必受其乱就是这个道理。

有一次在《天天向上》中，和汪涵做了十年朋友的钱枫吐槽，汪涵把自己的微信删了。汪涵听到之后，却很平静的说："陈坤我也删了，因为在我的微信朋友圈里面，超过 100 人时，我就会感到生活乱糟糟的，我就会把加了之后没有联系过的，全部都给删了。删了之后，生活会非常非常轻松，所有的时间都是你的，你突然觉得，整个人生都发生了变化。"

汪涵不怕得罪人吗？他也怕得罪人，但是他清楚地知道，相比于得罪人，把自己的时间浪费在低质量又无效的社交上，才是最大的错误。所以不要不好意思拒绝低质量的社交，如果不拒绝，损失的终究是你自己。

通过高质量的社交，我们会遇见一些我们可以相信的人，借助他们的眼光去筛选知识，理解世界。我们会遇见那些我们可以真正与之交流的人，打磨我们的思想和沉淀我们的智慧。更重要的是，我们可以借机超越原有格局，成就自己的人生。

6. 思维方式与格局相辅相成

　　是思维方式决定格局，还是说格局影响了思维方式？其实没有什么好纠结的，二者是相辅相成的关系，没有必要非要分个伯仲高低。大的格局让思维方式更加多样化，所以在面对问题的时候，我们可以有更多的应对手段和更顺利的解决过程。思维方式是格局的基础，如果一开始思维方式就是固化的，那么格局将会很难提升；如果思维方式比较灵活开放，看问题的角度比较多样，容易接受别人的建议，格局就能轻而易举地打开。

　　究竟有哪些比较好的思维方式可以提升我们的格局，让我们更好地应对生活中的困难，更好地掌控自己的生活，让我们的人生道路走得更加顺畅呢？你不妨尝试一下下面几种思维方式，一旦你拥有了这几种思维方式，你的格局就会得到提升，你的生活也会在你的掌控之中变得越来越轻松。

1.5 分钟思维：用 5 分钟走出拖延状态

在生活中有很多时候，我们会懒得什么都不想做，面对手头的事务就是想一直拖延下去。结果往往会耽误很多事情，浪费很多时间，等到坏结果出现的时候，我们往往追悔莫及，懊恼不已。

那我们不妨尝试一下 5 分钟思维。例如：在你玩手机的时候，突然发现明天上班的文件还没有整理，这个时候继续玩手机的欲望往往会战胜去整理文件的想法。那你应该怎么克服呢？你就应该在心里告诉自己，放下手机，先用 5 分钟来整理自己的文件，然后再继续玩手机。在整理文件的时候，你的行动就会进入正轨，你就会觉得反正做都做了，还不如一下子做完，省得麻烦。最终，你就会克服玩手机的欲望，把任务完成。

所以说，遇到任何决定好要去处理的事情时，一旦觉得自己有了拖延的心思，应该立即用 5 分钟思维来让自己进入正轨，克服对将要执行的任务的恐惧，让自己变得有效率起来，战胜自己的欲望，屡试不爽。

2. 谦虚思维：在自己不懂的时候，那就大大方方地表示自己不知道

很多时候，我们都有好为人师的心理，总是想让别人觉得我们什么都懂，但是我们越是这样，在别人眼里我们就越不靠谱。因为真正遇到问题的时候，我们也拿不出什么比较好的方案去解决。所以说，还不如在一开始的时候就大大方方表示自

己不知道。不知道没有什么可耻的，每个人都有自己的知识盲区。不懂就问，不仅会显得你很谦虚，还可以为你节省很多的时间成本，帮你更快地掌握一项技能。比自己一个人，不懂装懂，没有方向地胡乱摸索要强得多。

3. 精确思维：尽自己最大的努力让自己的日程安排精确化

其实在日常生活中，给自己定目标的时候最好精确一点。比如说，你可以把目标"两天之内写完一个报告"变成"今天早晨 8 点开始写报告，下午 5 点的时候完成报告的 2/3，第二天早晨 7 点继续写报告，中午 12 点之前完成剩下的 1/3，下午 1 点的时候，把报告交给领导"。执行任务的时间越是精确化，你拖延的可能性也就会越小，你的行动力就会变得更强。

另外，包括在给领导汇报工作的时候，你应该说"厂商会在这个月的 12 号下午 5 点之前，把产品送到公司"，而不是跟领导说"厂商会在最近一段时间把货送到"。你将时间具体化，别人就会认为你靠谱踏实，证明你确实有认真地在跟进工作，会给领导一个很负责任的形象，可以说是好处多多。

4. 开拓思维：不要等准备好了再接受考验，要在考验中训练自己

公司好不容易空缺出来了一个职位，领导也有意提拔你，但是你对这个职位的业务很陌生，你觉得自己经验不足，应该先积累点经验再坐上那个职位。后来你发现，一个很好的升职机会就这样被你错过了。只是因为你害怕犯错误，你总是想等

准备好了再行动。但是，在你准备的时候，机会就已经到别人那里了。

事实上，你不升到那个职位上，你永远都不知道自己真的要准备的是什么，只有在其位，你才能真正谋其政，才能真正被锻炼。所以在考验面前，不要害怕失败，把它当作练习，抱着测验自己能力上限的心理来做事情，你就会发现自己正以惊人的速度过关升级。

5. 温柔坚持的思维：有策略地维护自己的观点

有的时候，和别人合作一个方案，你知道你的想法是对的，是符合领导意见的，但是你的同事和你的理解有点不同，他认为你的方案需要整改。这个时候，你千万不要对同事直言道："你根本就不了解实际情况，你也没有弄明白领导的意思，你就不要瞎掺和了。"这种激烈的反驳会给你带来很大的损失，造成两败俱伤的局面。

如果你想要坚持你的方案，同时还不伤害到你的同事的情感，不如采取一些温柔的方法。比如说，你可以笑着对你的同事说："你说的这些都很正确，谢谢你为我着想，我觉得有你在真好，我都没有想到还有这么好的方法，但是现在时间有点来不及了，领导着急要，咱们是不是可以先给领导看一下？如果领导提出了不足，咱们再按照你的意见马上整改。"温柔的坚持，就是如实地表达自己的感受，而不批判对方；就是感谢你的关心，但是你的意见，我不采纳，你的是非，我不论断。

　　有的时候，我们拼尽全力却还是失败；有的人看起来不太聪明，但却总能够取得好成绩。这是为什么？因为他们具有不同的思维方式，一个人处理事情的逻辑和方法才是决定他能否成功的关键因素。所以，我们要尽可能掌握正确的思维方式，提升格局，达到逆袭人生的目的。

7. 野心是格局的最强助力器

小时候，我读过这样一个故事，法国的一个大富翁在弥留之际，留下了这样一份遗嘱："我曾经是一位穷人，谁若是能猜出穷人最缺少的是什么，我将奖励给他 100 万法郎。"

遗嘱被刊登到报纸上之后，很多人都寄来了自己的答案，答案五花八门，大部分人认为是金钱，也有人认为是机会，还有人认为是技能，总之答案不一而足。

在大富翁逝世的周年纪念日，在律师和公证部门的监督下，大富翁留下的答案被公开了——穷人最缺少的是成为富人的野心。

在那么多人寄来的答案中，只有一个年仅九岁的小女孩答对了。在问她为什么会这么回答的时候，她说道："每次姐姐把她十一岁的男朋友带回家的时候，她都警告我，不要有野心。所以，我就想野心可以让自己得到想得到的东西。"

野心是一种欲望的形式，而强烈的欲望是一切成大事的基础。只有靠着野心，人才能不断地突破自己的舒适区。野心还是专注、坚毅的放大镜。你的野心能够促使你看到更大的世界，看到更大的世界之后，你的格局自然也就跟着大了起来。

我的学姐曾经跟我说过她一个同学的故事，让我觉得人活着真的要有野心。她那个高中同学，在俩人刚认识的第一天，就告诉学姐她喜欢英国，她要上就上英国最好的大学，所以她要去剑桥读大学。学姐开始真的当笑话听了，觉得这无异于白日做梦。在她们那样一个落后的小县城，整个学校的一本上线率还不到13%。国内的大学考不考得上还不一定，竟然还妄想去剑桥？学姐说自己当时笑了笑，对那个同学说："你野心实在不小！"

学姐说："她的成绩确实不错，但是距离考清华北大还是有不小的差距的。当时我的成绩比比她还要好，但是清华北大我连想都不敢想。所以说，我当时觉得，国内的顶尖高校她都拿不下，更不要说什么剑桥了。以为时间长了，她就会放弃。直到高三那年，她的成绩也只是班里的中上游。但她还是告诉我，她想去剑桥。我觉得她想得实在得太高了，几乎不现实。"

最后，高考结果出来，不出所料，以她的分数剑桥绝对是去不了。不过也不算太差，她考上了一所北方的985。学姐以为她应该大梦初醒了，可以放下剑桥这个梦了。但是，后来学姐得知在大学期间，她以交换生的身份去了英国的曼彻斯特大学。随后，学姐忙于学习工作，再也没有听说过关于她的消息。直到有一天，学姐从高中老师那里得知，那位同学竟然真的拿到了剑桥研究生的 offer，她真的实现了在别人看上去那么不切实际的梦想，她终于能够去自己念念不忘了那么多年的剑桥读书了。

学姐说当她听到这个消息的时候，就突然明白，在多年以前，在她们第一次对话的时候，她们的命运就已经注定了。因为那个时候的学姐已经开始相信命运自有安排，但是那个同学的野心却注定了自己所到达的地方将比学姐更加开阔。

学姐最后告诉我："你看，她虽然本科没有实现自己的剑桥梦，但是她的人生轨迹一直在朝着那个方向发展，虽然有过偏差，在当初看上去是那么的不现实，但是她的人生轨迹一直都未曾偏离。最后她成为一名剑桥大学的研究生，谁说不是她野心的另外一种圆满呢。所以，做人还是要有点野心啊！"

我听完之后，就突然想起了自己高中老师在高三那年说话："如果你们连考清华的梦想都没有，对于名校连想都不敢想，那你们是绝对不会成功的。因为一点野心、一分梦想都没有的人，怎么可能成就大事呢？"当初这句话没有往我心里去，但是在回想起来我却觉得醍醐灌顶。

拿破仑说："我成功，因为我志在成功。""不想当将军的士兵，不是好士兵。"也许在野心实现之前，所有梦想听起来都像妄想。其实，拥有野心，也是一种能力。野心不是天生就有的。你要有想法，你要觉得自己可以配得上更好的东西。当你有了这种意识，或者说自驱力之后，你就会比别人有更强大的动力支撑，你也就更容易成功。你的野心让你不甘于眼前，会让你看得比别人更加长远。野心即是格局最强大的助力器。

当然，不可否认的是，野心和贪婪仅是一念之间的事情。当你的能力配不上你的野心的时候，你的人生会非常痛苦，所有的野心，都将变成不甘，伤害到你自己。因此，怎样把握自己的野心也是一门学问。你需要知道，不管是你的野心还是你的梦想，都应该让你觉得你在向着美好的方向发展。野心可以是你的动力，可以是属于你自己的快乐的小秘密，但是它绝对不是你生命的全部。谁的人生都是有缺憾的，如果说，你觉得没办法实现自己的野心了，不要走极端，不要觉得人生因此就没了意义。因为你在追逐自己野心的过程中，就已经超越了原来的那个自己。不要拿自己与别人过度比较，在你为你的野心痛苦的时候，不妨看看上天给予你的其他事物。不要因为自己的野心，而过于执着地奔跑，以至于到最后忘了欣赏那路边为你准备的美景。简而言之，你要怀着知足的心去实现野心。

拥有野心对于成就你的格局来说至关重要，这一点无可置疑。虽然困难重重，但你就是要不信邪，就是要猖狂大笑，就是要看看人间有多美。你要问自己，既然有成功的人，为什么不可能是自己？但是，有野心还不够，只有你的能力配得上你的野心时，你念念不忘的梦想才会有圆满的结局。

8. 勇气为格局开天辟地

勇气到底是什么？不斟酌，不考量，只凭无所畏惧地心气往前冲，那叫莽撞。心如明镜，即使害怕也要去做，这才叫勇气。勇气是抵御恐惧，是把握恐惧，而不是没有恐惧。小鸡破壳是勇气，一夫当关也是勇气，勇气无关力量的大小，只关乎面对命运时抗争的姿态。勇气无关你侥幸的重生，只关乎明知危险而又再一次勇往直前。一个人的勇气大小直接决定了他人生的意义。我们总是安于现状，所以我们永远看不到远方的美景。好不容易来人间一趟，你也应该认真努力一回，拿出你的勇气拼它个酣畅淋漓，然后你才能心安理得地享受烈火烹油、鲜花着锦之盛。

对于这句"狭路相逢勇者胜"，我们听得耳朵都起茧子了。我们当然明白这句话的含义，我们也明白生活中有太多的时刻需要勇气来捍卫我们的尊严。但是，明白是一回事，做又是另一回事。在该勇敢的那一刻，我们总是本能地选择了退缩，我们为此错过很多，却总也死性不改。如果你想培养自己的勇气，说不定下面这些方法可以供你借鉴一下。

1. 踏出第一步

我在上高中之前，一直都很害怕在公共场合发言。害怕到什么程度呢？站在讲台上说话的时候，腿会不由自主地发抖，呼吸也会变得急促。就算知识点记得再牢固，只要老师一提问，我的回答永远都是磕磕巴巴的。虽然我意识到了自己有这样的问题，但是我不想改变。有一次，语文老师在班里开展了一个课前演讲三分钟的活动，我找了个理由想要推脱。老师听完我的话，沉默了一会儿说："你的高中就快要结束了，我只是觉得你应该在高中留下一点可以回忆的东西。我当然不能逼着你去演讲，但是到社会上，在别人都展示自己的时候，你不展示，也是一种错，那会让你面临被淘汰的局面。"

说实话，我当时很生气。因为我觉得老师拒绝就拒绝吧，还说这么冠冕堂皇的话，简直不要太过分。最后，我被逼得没办法，只好开始认真准备。上讲台的那一刻，我深呼吸了一下。我在心里告诉暗暗告诉自己："反正马上就要毕业了，丢脸就丢脸了。我今生就勇敢这一次，就这一次。"

最后，我真的镇定下来了。虽然刚开始还是有点慌乱，但是这不妨碍我整个演讲的大获成功。用我同桌的话说："我从来没有见过谁，有这么好的台风。"再后来，我终于开始学会在公共场合平静地表达自己的观点了。

到了大学之后，老师鼓励我们要勇于展示自己，她教育我们的话和当年高中老师跟我说的话不谋而合。我终于明白，也许我并不是没有演讲的才能，也并不是惧怕站在众人面前，我只是少了一份勇气。

小学课本上有一篇文章，叫《小马过河》。小马要过河，老马说河水非常浅，松鼠说河水深不见底，小马站在河前面进退两难。面对着即将要趟过的人生的河，我突然觉得，如果不得不过河，那么水深水浅，对我来说没多么重要。是的，我欠我的高中老师一句谢谢，因为是他让我勇敢地踏出了展示自己的第一步。

2. 不要太在意别人对你的看法

这句话都快被说烂了，你自己也认同，但是偏偏就在很多时候做不到。你还是会因为别人的一两句话，自我怀疑老半天。往往刚产生一点勇气，就因为别人对自己的消极看法而消失得一干二净。

我在大学时有过那么一段时间，非常在意别人对自己的看法。比如说，我习惯在晚上把老师第二天上课要讲的课程先预习一遍，但是我的一个室友开玩笑说："你也太用功了吧，这已经是大学了。随便学学就可以拿高分的，不至于这么费力的。"可能说者无心，但是我这个听者确实有了意。从那个室友说完这句话之后，我就再也不敢晚上预习了。因为如果那样的话，别人就会觉得我很笨，就会觉得我付出了那么多，还不如她们随便考一考。

一段时间过去了，我发现听课越来越费力，期末考试马上就要来了，再不学，我就要挂科了。"我自己学习，关别人屁事！"我这样告诉自己，然后鼓起勇气，开始光明正大地在她面前认真学习。最后，那个说着随随便便就能考高分的室友，在挂了好几科之后，也开始像什么都不曾说过一样，开始打脸地认命学习。

如果你不在乎，别人就伤害不了你，你就会无所畏惧，自然而然也就有了勇气。所以，请你勇敢做自己。《明朝那些事儿》的最后写道："这个世界上只有一种成功，就是用你喜欢的方式度过一生。"

3. 在面对恐惧的时候，多给自己积极的心理暗示

在进高考考场的时候，我很紧张，但是我在心里告诉我自己："就四份试卷而已，我等的就是这一天，我既然能熬到最后，就证明我不比别人差，成功就在前面！"然后，我的世界就出奇的安静了。我开始认认真真地做每一道题。

再后来，我又遇到了很多大大小小的考试，可是我再也没有紧张、恐惧过了。每一次我都很勇敢地往前冲，只不过积极的心理暗示变成了："我高考都考过了，还会怕这个小考试？"

积极的心理暗示真的对自己很有用。它有一个功能就是让你自己相信自己有能力。往往你相信你自己的时候，你就会变

得更加勇敢，最终的结果也就会越好。

　　另外一种心理暗示就是把"我要"变成"我想"。比如说，把"我要减肥"变成"我想减肥"，效果就会好很多。因为如果我们的心理暗示是"我要"的话，它就是以命令的形式在我们的意识中存在的。我们的身体非常讨厌执行命令，所以你完成的目标可能性也就不会太大。但是，如果是"我想"的话，它在我们的潜意识里就是一种欲望的存在，我们的身体更喜欢执行我们的欲望。"我想"让我们变得更有动力，所以它会比"我要"更有效。

　　我们的生活需要勇气来拯救，它会让我们为爱勇往直前，让我们就算面对再荒凉的现实，也可以对以后的光辉岁月满怀期待。

9. 自信是格局最忠诚 又不可或缺的骑士

在 2013 年的时候，"中国教育频道"曾经播出过一个大学生益智节目——《天才知道》。在没有看这个节目之前，我从来都没有追过星。但是我看完节目之后，彻底被来自北京大学的参赛选手严堃征服了。转眼之间，六年过去了，他在我眼里仍然是神一样的存在。

我崇拜他并不是因为他来自北京大学，不是因为他超高的智商，不是因为他最后获得了比赛的亚军，而是因为他的那种自信，那种他走到哪里正确答案就在哪里的、与生俱来又让人甘愿臣服的自信。

记得在紧张激烈的淘汰赛中，主持人问他："任意取一个大于 50 的自然数，如果它是偶数，就除以 2，如果它是奇数，就将它乘以 3 之后再加 1，就这样反复运算，最终总能得到一个相同的数值，是多少？"他在主持人没有说完问题之前，就把答案说了出来："一定是 1，这是角谷猜想。更准确地说，它是 12411241 的无限循环。"主持人问他是否确定。他微微一笑，淡定回答说："绝对。"

那个瞬间，我真的觉得他浑身自带光芒，闪得人睁不开眼睛。在最后白热化的冠军角逐赛中，他遇到了一个自己拿不准的选择题，一旦答错，他就会满盘皆输。在这种情况下，他气定神闲地对在场所有人说："假设是我不会做的题目，我相信如果要我蒙的话，我应该是全场最会蒙的那个人！"

看到这里的时候，我觉得其实最后能不能得到冠军或许对他来说根本就不重要。因为他的自信就让人们不由自主地选择相信，他就是王者，不可置疑的王者。他明明长相很普通，但是他的自信给他铸就了一个霸气侧漏的强大气场！任谁看，都一定会说："此人注定不凡！"

自信到底有多重要？它可以化渺小为伟大，化平庸为神奇，自信会让我们义无反顾地开始，干脆利落地结束。它会让我们坚信我们终将会成为自己期待的模样。自卑的人，各有各的自卑，但是自信的人却有着一样气场的自信。那么，到底如何变得自信起来呢？

首先，要有想变自信的欲望。他们很明白自信的重要性，他们觉得自己在变优秀的路上，应该拥有这种优点。人一旦有了欲望，那就会自主地行动，这是变优秀的第一步。

其次，在认识上确定自己要变自信之后，就要从行动上改变自己。根据心理学——具身认知的知识，外在的行为会影响自己的内在。具体来讲，就是我们的身体姿势、语音语调都可以让内在心理产生变化。所以变得自信的关键就在于训练我们的肢体语言。

我记得自己看过的一个 TED 的演讲，一个心理学领域的专家说了一个非常有意思的实验。他把要即将进入公司的能力差距不大的面试者随机分成两组，在面试之前，让第一组保持"双手抱头，弯腰"的姿势，让第二组保持"双手叉腰，抬头挺胸"的姿势。在一段时间之后，再对他们进行依次面试，面试的结果很有趣。第二组的表现明显高于第一组。面试者说，两组成员最大的差距就在自信上面，第二组的自信程度远远高于第一组。

所以在日常的生活中，我们的行为姿势会给我们的自信带来潜移默化的影响。因此，我们在走路的时候，应该尽量保持目视前方，挺胸抬头。特别要注意的是眼神，一定要坚定一点。其实，这不仅仅有助于增强我们的自信，还会改善我们的精神面貌，增加和别人交往时对方对我们的好感，有助于赢取别人对我们的信任。

最后，我们还要经常做自己擅长的事，让我们保持一定的优越感，借助这种优越感不断地强化自己的自信。因为没有比成功本身对成功更好的催化剂。优秀的人不是全能的，只不过他们能把自己身上的能力最大化，同时把自己不擅长的交给他人。

有一次，任正非和华为的地区总裁一起会见一个德国的客户，客户问了任正非一个关于技术的问题。在任正非还没有回答问题之前，他的地区总裁就说："他怎么会懂这个呀？他只懂得管理公司。"德国的客户很是诧异，地区总裁怎么会说出这种话？但是，任正非听了之后，也只是笑笑，说自己确实不擅长这个，只好交给擅长的人去做了。所以我们就不难理解，任正非为什么会这么自信了。因为他一直在不断地重复着自己擅长的事情，所以他能以自信的面貌面对任何人。

自信的人，在表达自己的观点的时候，都是采用肯定的语气，从来不会支支吾吾，顾左右而言他。在他们的话说出来的那一刻，他们不仅会让自己相信自己说的是正确的，而且也能让别人也站到他们那边。

在初二的英语课上，老师问了我一道题。我的回答是正确的，但是老师没有立即肯定我的回答，而是建议我，在表达观点时，尽量避免使用"我觉得""我想""我感觉"和"可能是"这类表达不确定的含义的字眼。因为这样会让人感觉，就算我说对了答案也大概率是猜的。我尝试着按照老师的方法去做，发现确实是有所不同。

你一旦给了别人"只是运气好"的印象，别人对你的评价也会在原来的基础上降低。这对你真正拥有的能力来说是不公平的。一旦我以肯定的语气说出正确的答案，别人对我能力的评价往往会更高，同时我自己也会变得更加自信。可以说，老师的这个建议真的让我受益终生。

自信是一场终生的修行，不能一蹴而就，所以我们要慢慢来。愿我们都能够凭借自信，大步流星地朝着自己的梦想前进，努力创造想象中的美好生活，获得意想不到的巨大收获。

第四章

格局的影响

1. 行业决定职业，格局创造财富

有一个毕业生在知乎上提了这样一个问题："应届生应该选择公司，还是选择行业？"其中一个高赞回答让我印象深刻。

答主没有首先说明自己的答案，而是讲了这样一个故事。他说有一次去上海出差的时候，自己叫了一辆滴滴专车。专车司机气质儒雅、仪表堂堂，答主出于好奇，就主动和司机攀谈起来。通过和司机聊天，答主了解到，司机是从兰州交通大学毕业的，在毕业之后，他被分配到了青海的铁路局。1992 年，他从铁道部的体制内辞职下海闯世界，今年快退休了，注册了专车，下班了没事就跑跑出租。司机告诉答主，自己当年的同学，都趁着国家对铁路的重视，留在了这个行业发展，赶上了国家的政策福利，官最大的现在都做到正部级干部了，至于厅局级干部，那更是多得数不过来。司机说自己当年没看透，非要从这个行业离开，现在他只是一个奥迪 4S 店的售后经理。他感觉自己这辈子走错路了，不该随便从一个上升的行业内退出来。答主听完司机的故事之后，感叹说："一失足成千古恨，再回首已是百年身。"

所以说，在工作的初始，选择行业是一件非常重要的事情。如果你一开始的行业就选错了，却还在那条路上埋头前行，那你所有的努力最终都会变成没有意义的孤勇。就像梁宁老师说的："这世上最悲催的事就是你在做一个十足勤奋的人，但你所附着的经济正在下沉。"

每个行业都有自己发展的天花板，不同的行业有不同的未知变量，你选择的行业，将会决定你未来发展的高度，甚至决定你人生的高度。所以说，你的格局要大一点，趁年轻，别在乎眼前别人比你高几千块钱的工资，你最应该在乎的是你所在的行业是否有更大的发展空间。

我们到底如何做，才能选择对的行业，才能在行业更迭的浪潮中成长呢？我们可以从宏观和个人两个角度来分析。

首先从宏观角度来讲，在选择行业的时候，我们一定要注意到政策和社会的变化。宏观环境是我们凭借个人力量改变不了的。在宏观环境面前，谁能越顺应规则，谁就能更好地发展。我们都应该意识到未来是消费升级的时代，未来能产生红利的行业很多都和互联网密切相关。所以，传统行业和互联网行业相较，我们应该尽量选择和互联网相关的专业，这是未来的大势所趋。

在选择行业的时候，也要看看这个行业的天花板是不是足够高。为什么今日头条会发展得如此之快？它的创始人张一鸣就曾经表示自己在创业的时候，会很在意行业是否有足够高的天花板，只有天花板够高的行业，才能在任何时候都能吸引创造超级价值的顶级人才加入奋斗。

如何得知一个行业的发展天花板呢？那就要观察一下，在这个行业中，你是不是凭借着自己的努力就可以换来自己想要的地位和成就。很多留在纸媒行业的人，大多都失去了往日的荣耀，一眼便可以看到人生的天花板。而当年来互联网探路的年轻人，已经凭借着十来年的丰富经验，安然地转入了幕后操盘，手到钱来。他们至今仍然自信地认为，自己的未来还有无限可能。

了解完宏观环境之后，我们可以从我们的个人角度出发，看看在宏观环境的背景下应该如何挑选行业。我们可以利用反向排除和正向挑选相结合的方法来选择自己未来要进入的行业。我们大多数人都是普通人，小时候可能没有学过任何一个特长，长大之后也没能培养出一个能拿得出手的兴趣，而大部分的我们也没有主见，根本就不知道自己喜欢什么，适合什么。

但是我们都很清楚自己不喜欢什么。以我自己为例，我对金融、通信、建筑根本就喜欢不起来，如果真的选择进入这些行业的话，那对我来说肯定是度日如年。所以，我不会把它们放在考虑的范围之内。相反，我比较喜欢气氛自由活跃、员工年轻有活力的行业，这样想一想，自媒体就很合适。所以利用这个方法，我们可以选出既有上升空间、又比较适合我们的行业。

选择完合适的行业之后，如何发展自我就要看我们自身的格局了。尽管"站在风口上，猪也能飞起来"，但是雷军在说这句话的时候，也给出了这个猪能飞起来的前提，就是"这个猪要长出来一双小翅膀"。你选对了行业，当然可以趁着行业的东风，发展得更顺利，但是你要想飞起来，或者飞得更高，那你一定要让自己长出翅膀。

那么，如何长出翅膀？当然是提升自己，投资自己了。我的一个表妹在刚毕业的时候，就觉得自媒体是一个很好的选择，于是她放弃了选择与自己大学专业对口的工作，选择了进入一家自媒体公司。在公司工作一年后，她就发现了微信公众号拥有的潜力。那个时候，公众号还没有像今天一样泛滥成灾。但是，当时公众号的运营模式都不太成熟，也没有具体的方法供她学习。她只能靠着自己，一点一点摸索，白天上班，晚上学习。因为自己的大学专业跟媒体运营并没有关系，所以她就从零基础学起，真的付出了很多很多。到底是星光不问赶路人，时间不负有心人，她通过运营微信公众号，赚到了人生中的"第一桶金"。最关键的是，尽管现在的公众号泛滥成灾，已经没有了以前的优势，但是她仍旧可以凭借着自己的运营经验，稳稳地立足在市场当中。当然，就算是公众号运营最成功的时候，她也没有间断过她的学习。所以，不停地提高自己才是永恒的真理，不要仅仅是因为自己在一个有风口的行业，就沾沾自喜，终究还是要靠你自己的实力来决定你到底能走多远。你只有拥有了这样的认知格局，才会创造更多的财富。

2. 找准人生的定位

　　我曾经读过一篇这样的文章，文章的大意是作者大学毕业之后，跟随着毕业大军疯狂找工作的节奏，在懵懵懂懂之间，进入了一个当初看起来还不错的公司，并且通过自己的努力做到了中层领导。在他三十八岁那年，他犯了难。因为他觉得现在自己做的这份工作，并不是自己喜欢的，带给自己的只有疲倦，以自己的能力，本应该可以得到更好的工作。他越想，越是觉得不甘心。他向妻子表达完自己的想法之后，他的妻子表示不赞同。但是，他却认为是妻子不了解他，于是便不顾自己妻子的阻拦，果断地辞了职。

　　他开始试着创业。在创业未开始时，他野心勃勃，认为自己一定会干出一番事业。但是，不久之后他却意识到，自己已经三十八岁了，他引以自傲的学习能力在年轻人面前一文不值。更重要的是，他在以前的公司待久了，他更习惯或者说更适合做的事情，是把高层领导的要求传达给底下的工作人员，然后监督他们执行，而不是自己一个人做决策。最终，因为怀疑自己已经没有了做决策的能力，他的创业大计不了了之。

他想回到原来的公司，但是原来的公司早就找人补上了他的缺位，他只能从头开始，输得一无所有。反观他的妻子，两个人同一所大学毕业，妻子在上大学的时候，就已经成为了新东方的高级教师，毕业之后，妻子不慌不忙，继续努力，一路做到了新东方的高层领导。他在和自己的妻子交流自己失败的原因的时候，他的妻子告诉他说："我觉得你的人生要比我的混乱，我在大学的时候，就对我的人生进行了清晰的定位，我很了解自己的能力，所以我清楚地知道自己在社会上应该处于一个什么样的位置。你对你的人生定位过吗？"

一惊醒梦中人，虽然妻子这句话说的比较晚，但是他仔细想了想，自己好像从来都是随着大流走，他从来不知道自己要追求的终极目标是什么，他不知道自己的能力可以让自己处在一个什么样的位置，他也不知道自己喜欢什么、适合什么。这样的人怎么可能会成功呢？最后，他感叹总结说，一个人三十八岁才开始对自己的人生进行定位，是自己对自己最大的残忍。

所以说，如果不对自己的人生进行定位的话，再怎么奔跑，也是在迷宫里面团团绕。对自己有清晰定位的人则会绕过迷宫，直奔终点。

你想绕过迷宫，那你就要趁早对自己的人生进行定位。乔布斯说，活着就是为了改变世界。这就是他的人生定位，他所有的行动，都是根据这个定位展开的。那么，你如何找准自己的定位呢？

首先，你要问自己，你的职业愿景是什么。你觉得你一直在追求和不曾放弃的东西是什么？你曾经最期望成为什么样的人？你最想过上的生活是怎么样的？当你在想这些问题的时候，其实你就是在了解你自己，你必须要先了解你自己，才能知道自己的原始动力是什么。这几个问题你一定要有自己的答案。这是第一步，也是最难的一步。如果你能把这些问题想明白，那么你的人生定位就有了基本的框架，就会变得很明晰，后面剩下的就是进一步完善的过程。

在想清楚你真正的追求是什么之后，你还要考虑自己的兴趣在哪里。是享受唱歌带来的快乐，还是绘画带来的满足，抑或是做饭时给你带来的轻松，跳舞时给你带来的享受？你可以从你的兴趣出发，定位你的人生，选择合适的职业。

但是，需要注意的是，兴趣并不能作为标准，你应该考虑的是那些能够成就你的因素。也就是说，你的人生定位、职业选择，可以尽量向你的兴趣上靠拢，但是不能直接用兴趣定位自己的人生。就像蔡康永说的："别随性地把想法兴趣变成职业，只是兴趣的时候，不需要任何人点头，你爱怎么唱歌、煮菜，爱怎么设计你家、投资股票，都是你自己的事。一旦把兴趣变成职业，就需要得到每个人的点头。兴趣变成了任务，花园变成了战场，与其做喜欢的事，不如做擅长的事，留着花园种花吧。"

了解自己的兴趣之后，你还需要知道自己的性格是什么类型的。每种性格的人都有自己擅长的职业，不要妄想一个沉默如金的人，会变成一个出色的推销人员，因为他的性格已经限制了他在这行的发展。想一下，自己到底是非常开朗、喜欢与人攀谈的性格，还是比较内向、喜欢一个人静静思考和慢慢琢磨的性格；是风风火火、干事更看重效率的性格，还是喜欢钻牛角尖、认真研究细节的性格。不要进入与自己性格格格不入的行业，那不仅会让你感到十分痛苦，而且还会浪费你的时间，几乎等于在追求不可能的成功。选择适合自己性格的职业，你的人生就会像开了挂，势如破竹，直至成功。

找准人生定位的最后一步，就是你需要考虑一些现实因素，包括地域因素、行业因素等等。你是喜欢在灯火繁华、快节奏的一线城市承受高压、拿高薪，还是更倾向于在时光缓慢的三四线城市从事悠哉悠哉却只能勉强维持生活的工作。这些都是非常现实的东西，我们必须要考虑清楚。

将你以上几步的选择全部罗列出来，最后再进行简单的总结，你人生的定位就十分明确了。你很清楚，那些浑浑噩噩再也与你无关了。明天在你眼里，就会变成一种期待。你知道，你会不虚此生，你会拼尽全力，你的闪闪发光的未来在等你。

3. 格局也会影响爱情和婚姻

郭德纲曾经讲过这样一段话："世界首富的儿子娶了一个天津说相声的闺女,双方父母坐在一起,就是都能说普通话,说了也听不懂啊!男方想的是今天要买几个国家,女方想的是怎么打包今天的剩菜。他聊不到一块儿去,三十三层天,一层天一个境界,不在其位,你不明白那个状态。"

听完郭德纲这段话之后,我想起了自己前几天刚刚在朋友圈宣布分手的一个同学。在他宣布分手后,我们都很诧异。他喜欢这个女孩已经很久了,这是我们大家都知道的事情。怎么突然就分手了呢?刚开始,我们都以为是女孩把他甩了,但是女孩却说是他提出的分手。任谁看,都会觉得那个女孩子是女神啊。她能答应做同学的女朋友,同学简直就是中大奖了。他怎么会这么不懂得珍惜,决定要分手呢?从这个同学玩得比较好的哥们儿那里,我了解到了原因。

在他们刚在一起的时候，男生真的开心得不得了，其实他从中学时代，就开始喜欢这个女生了。虽然学生时代他从来没和女孩说过几句话，但就是莫名其妙地喜欢她。当初因为羞涩，还有学业的缘故，就没有向女孩告白。高考之后，女孩去了一个城市读专科，男生发挥得很不错，去了另外一个城市的 985 大学。二人中间失去了联系，但是后来各种机缘巧合的情况下，两个人开始联系起来，很快就确定了男女朋友关系。开始的时候，男生觉得这是上天对自己初心不变的补偿。可是后来，他发现一切都变了。在他和女生认真说一些人生规划的时候，女生却不耐烦地打断说，过一天算一天，想这些是在给自己徒增烦恼。女孩的话题，永远是口红、电影、眼影……在男孩花钱请她看话剧时，女孩说男孩太装了，简直就是脑子有坑浪费钱，还不如留着钱给自己买口红。男孩说，他真的很失望，他本来很确定自己的明天在哪里，但是自从和女孩在一起之后，他就变得非常累。他一开始告诉自己，两个人在一起时间长了就好了。但是，他最后发现，他跟女孩在一起，根本就不可能幸福，因为他们连正常的基本沟通都做不到。

在知道这些之后，我终于能够理解男生为什么要分手了，因为两个人的格局真的不一样。爱情和婚姻本来就要经受很多考验，最难的就是熬过每一天的柴米油盐酱醋茶。要是从一开始，两个人连交流都没有办法交流，那后面的每一天都将变成炼狱。一个歇斯底里，一个懒得解释，最后只能把生活弄得鸡飞狗跳，双方都恨之入骨。不管什么样的爱情，发展到这一步都不会幸福的。所以与其继续，还不如结束。

我最羡慕的是杨绛与钱钟书的爱情和婚姻，两个人都出自大户人家，都有着深厚文化的熏陶，眼界和格局也是相差无几，才子配佳人，天作之合。我最欣赏的还是狂妄到不可一世的钱钟书说的那句："我见到她之前，从未想过要结婚；我娶了她十几年，从未后悔娶她，也从未想过要娶别的女人。"我想，他们两个绝对是彼此唯一契合的灵魂。

我觉得所谓爱情不是什么天崩地裂的誓言，不是惊艳全城的盛大婚礼，更不是人与人之间互相的攀比。而是，我知道和我牵手的那个人懂我，在以后那么长的岁月里，他会和我一起经历，一起回忆；即使意见相左，我们也会试着理解对方，在平淡到只剩生活琐碎的时候，只要在某个瞬间，抬头看看彼此，就觉得自己并不孤单。

那天，我和一个很优秀的女孩聊天，不知怎么突然聊到了爱情和婚姻。她说："现在找对象，父母比孩子还要着急。我的父母也是这样，我很清楚，我的父母很爱我，他们希望将来能有个人和我相互扶持，让我不至于孤独。但是，我觉得如果两个人只是凑合地搭伙过日子，那婚姻真的太悲哀了。其实，我看得很开，结婚也好，不结婚也罢，都没有什么是必须的。不是说有婚可结就值得骄傲，不结婚就应该感到羞耻。如果我们看得开一点，就应该知道，无论是结婚还是不结婚，都是生活的一种方式，就像有人喜欢喝可乐，有人喜欢喝雪碧一样，是很自然的事情。"

听她说完之后，我豁然开朗，其实我觉得她最后一定是幸福的，因为她的格局告诉她，自己的整个人生是否有意义不能用婚姻来定义。

格局在婚姻里的角色很重要。两个有格局的人在一起，日子一定是越过越好的，因为他们不会把自己的精力放在争吵上。他们在选择对方的那一刻，就十分清楚自己要担负的责任。他们准备好了携手就是一辈子。他们也会受到生活的考验，但是他们知道，越是艰难，两个人的心就应该连得越紧，这样力量才会往一处使。

格局在爱情里最大的作用是什么？总的来说，就是知你所知。同时，你是什么样的格局，你就会引来什么样的人。在选择爱的伴侣时，两个人应该三观一致，互相理解，彼此成就。格局让我们知道，爱情不是风花雪夜，婚姻需要经营。

4. 人生失意时，方显真格局

　　高晓松是知识分子出身，祖上是江南大族家庭，他自称他是他们家族水文化水平最低的。他是在共和国时期的清华园长大的。青年时期的高晓松非常的狂妄，不得不承认他确实有狂妄的资本，他自称"自由知识分子"。然而，就是这样一个崇尚自由的他，在 2011 年的时候，因为酒驾被判拘役 6 个月，罚款4000 元。当一个恃才傲物的才子，被扣上手铐，穿上囚衣，还会不会有体面？高晓松用实际行动证明，不仅可以有体面，还可以展现什么叫真正的大格局。

　　在法庭审理他的酒驾案件时，高晓松的律师交出了三份对高晓松有益的证据。但是，高晓松很坦诚地表示，没有什么好避讳的，一切事实都存在，他完全认罪，接受教训，愿意以最大的诚意来赔偿这次事故造成的损失，他的错误他全部忏悔，希望大家引以为戒。

在狱中的半年多里，高晓松学会了跟他以前不可能接触的人友好相处，他教他的狱友学英语、写诗、写信，还用塑料瓶子扎个洞，把水灌进去，用来计时。

更让人惊讶的是，那么狂妄自傲的他，在狱中竟然真的开始安安静静地翻译马尔克斯的《昔年种柳》。他还在狱中不断地反省自己，通过和狱中的其他人接触，高晓松突然明白：就算自己读的书再多也没有什么好骄傲的，因为自己不曾接触过真正的生活。

他在牢中待了 184 天，出去后没有忙着复出，而是在狱中把答应别人的事都给做了，除了一个小孩的请求。他曾经答应过那个孩子要让他当自己的助理，但是高晓松的经纪人坚决不同意，无论高晓松怎么说，他的经纪人就是死活不同意，最后高晓松没办法，他给那个孩子交了学厨师课的钱，又给他租了房子。他还请狱警们吃了一顿饭。

名人最怕什么？最怕有污点，名人一旦有了污点，大多都会身败名裂，人们都会看不起他。但是高晓松却不一样，尽管酒驾成了他的污点，但是他没有因这次人生失意而颓废，而是做了最理智的事情。他的这种格局带给他的是什么呢？他出狱之后，事业不仅没有遭到重创，反而迎来了巅峰：不仅开始了自己的脱口秀《晓说》，还被马云赏识，成了阿里音乐会的董事长。

越是在人生失意的时候，越能看出一个人的品质还有他的格局，其实有时候输得体面，比赢得漂亮更加值得称赞。只有没有格局的人才会认为失败就是失败，失败就是丢脸，失败就是不可救药。真正有格局的人，都知道失败是人生必经的事，与其抱怨失败为什么会发生在自己身上，还不如利用失败让自己成为刀枪不入的模样。

但是不能否认，我们每个人在人生失意的时候，都会不由自主地产生一些负面情绪。那么，我们到底怎样才能克服这些负面情绪，或者说我们到底该用什么样的行动来抵抗人生失意呢？

当我们面对失败的时候，我们要明白失败已经发生，自己已经无力改变，那我们就要接受失败。但是，我们也要告诉自己，这次的失败和下次的成败没有任何关联。我们目前能做的就是做好当下能够做的事情，让自己忙碌起来，不要让消极的情绪战胜你的意志。你要转移你的注意力，把手头需要做的工作或者任务认真地完成，少想过去，不想未来。在忙碌之中，时间总是过得很快，在不知不觉中，你就会熬过最艰难的时刻，时间会教给你，怎么坦然处之。

除了转移自己的注意力，还要对自己好一点，你的身体会反馈到你的精神上。可以听一听自己喜欢的音乐，多出去晒晒阳光，吃一顿美味的大餐，给自己买一件新衣服作为下次成功的战袍。不要老是一个人待着，去见见自己的朋友，和他们唱唱歌、看看电影、聊聊天。有一帮知心的朋友在你身边，大家说说笑笑，讲讲各自身边鸡毛蒜皮的事情，那种烟火繁盛的样子和真实生活的感觉会让你觉得其实失败也没有什么。

当你做完以上这些，你就会发现自己的情绪其实已经好了很多，在这个基础之上，就可以对自己的失败进行理性的反思了。想想自己为什么会陷入低谷，自己该怎样改进，这个改进大概要花多长时间，是不是要制订一个详细的规划。要抓住自己成长的契机。

褚时健在被匿名检举贪污受贿之后被判处无期徒刑，剥夺政治权利终身。纵使他是曾经的烟草大王和十大改革风云人物之一，当这件事一发生，在别人眼中他也是一个没有未来的人。但是，因为严重的糖尿病，他获得了保外就医的资格，在这期间他做出了惊人的创举——在自己七十二岁高龄那年，褚时健种起了橙子，最终成了中国的"橙王"。他走过燃情的年代，经历过烟草行业的沉浮，度过了峥嵘的岁月，他有着无数的光耀名誉，他也经历了很多人生失意的时刻，但是不管怎么说，他用他的格局创造了一次又一次奇迹。

在古代文人里面，我最喜欢的就是苏轼，他一身才华却一生失意，但他从来没有怨天咒地，他的从容、他的大度和他的格局比他的诗词还要有魅力。面对那么不公的人生失意，他却也只是轻轻叹了句"一蓑烟雨任平生"，把失意的生活过成了诗情画意。

人生失意实在是在所难免的事，愿你以格局为武器，输得坦荡，最后将自己的人生翻盘，让别人也知道，其实，你可以赢得很漂亮。

5. 不是别人冷漠，而是我太弱

　　黄渤在一个访谈节目中，曾经表示："以前在剧组里面，你能碰到各式各样的人，各种小心机啊什么的。现在身边的人全是好人，每一张脸都是笑容洋溢的。人家会跟我说，'黄老师，你累不累？休息一会儿''黄老师，你要吃什么？你要喝什么？我给你拿点儿'。"说完这句话之后，黄渤无奈地叹了口气。

　　黄渤是大家公认的实力派演员，他从草根一步步成为影帝，其中的辛酸恐怕也只有他一个人知道吧。其实，我很能理解他说这句话的时候的无奈。在他最弱的时候，到处都是跟他要心机的人，那个时候哪怕有一个人站出来帮帮他，我想到他都会记一辈子，可是偏偏一个那样的人也没有。在他成为影帝之后，所有人都开始对他前呼后拥，整个世界都对他很温柔。没办法，人的本性就是这样：喜欢欺负弱者，高捧强者。说白了，不过一句天下熙攘皆为利往。

　　我记得有一个朋友跟我说，他刚进实习单位的时候，对公司的很多业务都不是很熟悉，他的理解能力也不太强，只好向他人求助。但是所有人都是支吾不清地应付他两句，你推给我，我推给他，没有一个人愿意花上两分钟，给他讲讲到底怎么做。他自己安慰他自己，同事可能就是太忙了。

　　有一次，领导来巡查，要求所有人都要写一份关于自己的报告明天交上去。恰巧当时他去卫生间了，所有人都知道的消息，就他一个人不知道。到了第二天，领导让大家都把自己的报告交上去的时候，他惊呆了，而身边的同事都若无其事地一个个交上了自己的报告。在那一刻，他突然感觉特别心累，也很心寒。大家都知道的事，为什么没有一个人通知他一下？在接受完领导的批评之后，他回到自己的工位上，发觉自己彻底理解了"别人帮你是情分，不帮是本分"这句话的真正含义了。

　　从那之后，他再也不寄希望于他人，不懂的就自学，上网站、查资料、报培训班……他像疯了一样汲取知识，能力也越来越强，一年之后，他升职了。这个时候，身边的同事都对他笑脸相迎，嘘寒问暖，主动帮他分担任务。经历完这一切，他告诉我，也许一开始错的就不是别人，而是自己，在自己最弱的时候，还妄想引起所有人的注意、寻求别人帮助。在自己都没有可以利用的价值时，凭什么能够得到别人的帮助呢？

　　我听完他的经历之后，突然想起《我的前半生》里面的一个片段，唐晶在解雇凌玲的时候，凌玲歇斯底里地说："你这是公报私仇！"唐晶立即回道："等你坐到我现在的位置，你才有资格评论我的为人处世。"所以说，谁的实力强，谁就是规则的制订者，等你成为规则的制订者之后，就没有人敢对你冷漠。

我们每个人的一生中，都会遇到一个最崩溃绝望的时刻，我们希望有人能够帮我们一把。但是，往往是在那个最艰难的时刻，我们孤立无援，只能自己一个人硬生生地抗完了所有。事后我们会怨怼，哪怕能得到别人的一点回应，我们都不至于狼狈成那个样子啊！可是，就是因为没有人肯帮我们，才让我们获得了重生，才让我们成了最终的强者。当所有人都不能依靠的时候，我们只能靠自己，这样反而会锻炼我们的韧性和能力。大家都是成年人，太多的玻璃心只会阻挡我们变优秀。没有必要抱怨别人太冷漠，因为这个社会的规则就是这样的，所有人只向强者低头。

那么，如何向强者的角色靠拢呢？

第一，你必须有意识地在工作中让自己成为复合型人才。所谓的复合型人才就是指除了拥有一项深度掌握的专项能力，还有另外一种随时可以上手的专项能力。公司在人力资源紧张的前提下，会把一个人当成两个人用。如果在这个时候，你表现得毫不费力，别人都做不了，但是你可以，那么在升职机会来临的时候，你当然可以当仁不让地把握机会。

第二，除了工作，你需要有未来的抓手。当你拥有了一个比较稳定的工作时，可以考虑在业余时间发展培养一项爱好，而且这项爱好最好在未来成为你的另一个事业方向。比如说，你销售工作做得不错，但是你对视频剪辑非常感兴趣，那么你就可以培养自己剪辑视频的能力，让自己变得更加专业化。你可以试着把你的作品发到网上，不仅每个月可以赚一些闲钱，还可以在市场飞速变化的时代以备未来的不时之需。

第三，不要迷信"一万小时定律"。不要妄想听一万个小时的 BBC，就可以成为一个英语达人。如果不经过刻意训练，没有"练习、反馈、改正"这个过程的重复循环，你就算听两万个小时的 BBC，你的英语也不会有太大的进步。一直用无效的重复来缓解你的焦虑，它永远也成不了你的竞争力。你要告别为勤奋而勤奋，学会做有效的练习。

在走向强者的这条路上是没有捷径的，也是没有止境的。没有最强，只有更强。只有我们真正的变强了，才能拿出让别人帮我们的砝码，想要别人帮助你，你就要和对方等价交换。当你真正强起来的时候，你就会突然发现，其实自己好像根本就不需要帮助了。

只有我们是弱者的时候，我们才会在乎别人是否冷漠，强者的世界从来都是和颜悦色。所以说，人生的折磨只能去自己闯，你觉得你孤独，没有人可以帮你，那不是因为别人冷漠，而是因为你自己太弱。

6. 迷茫的时候，
   要选择最难走的那条路

　　光线传媒副总刘同在刚大学毕业的时候也和很多毕业生一样，迷茫又无所适从。尽管在毕业之后，他就已经在找到了工作，也从实习生转成了正式员工，但是他前思后想还是决定放弃一切准备考研。他相信勤能补拙，便自己租了一间房子，每天除了刷题和偶尔写写小说挣点生活费什么都不做，全力以赴地准备着考研。可能是命运自有安排吧，那年考试，他的英语只差一分就达到目标院校的要求了。

　　有一个朋友出主意让他去北京找老师，带着他发表的小说，看看有没有特招的可能性。他就孤身一人去了北京，他当时只是个二十多岁的少年，来到一个无比陌生的城市。他举目无亲，什么都要靠自己，更让人难受的是，特招最后没有成功。

　　当时他真的不知道自己的方向在哪里，他最好的选择应该是回到湖南，那里有自己熟悉的人，那里是自己熟悉的地方，那里有自己原先打下的基础，在那里生存可以不费吹灰之力。但是，他真的很不甘心，他放下了最好的选择，下定决心留在北京，无论要面对多少颠沛流离，无论这条路有多难，他都要留在北京。在哪里跌倒，就要在哪里站起来。

然后，他在北京找到了一份工作，没日没夜地干活，也只能勉强养活自己。但是，他还是拼得义无反顾，最后一步一个脚印，从一个默默无闻的小喽啰，熬成了一个受人尊敬的著名媒体人。后来由于在《职来职往》节目中的出色表现，他开始被人们关注，就是在这期间，他完成了150万字的成名作《谁的青春不迷茫》。

现在的刘同是著名节目制作人，是光线影业事业部副总裁，是中国新生代作家。每当他谈起那段北漂的日子的时候，都会热泪盈眶。他曾经在节目中表示，他真的很感谢曾经的自己在最迷茫的时候选择了最难走的那条路，所以才有了现在的刘同。

其实迷茫是人生常态，迷茫是艰难所在，也是意义所在。我们天生是风险的规避者，贪图享受安逸在所难免。但是我们都知道，风险和收益是成正比的，风险越大，收益也就越高。在迷茫的时候，选择最难走的那条路，并不意味着给自己没事找事。只要你认为走完最难的那条路，就可以获得更大的收益，就可以看到更大的世界，就能接触更好的人，那么再多的风险和阻拦都不算什么。

在迷茫的时候，我们究竟怎样才能做出最正确的选择呢？上进心是肯定的，没有上进心，谁都拯救不了你。在我们面对很多选择摇摆不定的时候，你越有上进心，你就越有可能走上最正确的那条路，因为你知道那条路的后面是机会。

让人心甘情愿吃苦的，任劳任怨干活的，从来都是你自己内心的那份对未来生活的期待。所以在迷茫的时候，你要有一份积极的心态，幻想一下自己以后成功的样子，想象自己历经一番艰辛，最后可以变成别人眼中光芒万丈的人，这个时候，我们虽然迷茫，但一定有拼劲。

我觉得我的人生过得最安稳、最踏实、最不迷茫的一段日子是在高考之前，那时候所有的行动，都围绕着高考展开。忙碌到我根本没有时间去迷茫。其实，我也没有什么好迷茫的，因为高考的目标就在那里——考高分。考了高分之后才能上一所好大学。这个目标太坚定、太明确了，它占据了我整个青年时期。就因为如此，高考一结束，我就好像在沙漠中迷了路，迷茫得不能再迷茫。我甚至都不知道我后半生活着的意义是什么。稀里糊涂进了大学之后，我变得更加无所适从。我不知道我做什么是对的，我想努力，我想拼搏，但是我找不到方向。我渴望成功，但是有时候觉得自己在痴人说梦。刚刚准备大干一场，马上就会被现实泼下一盆冷水。

迷茫的最后，我突然醒悟了。如果我找不到大的目标，那我是不是可以从每天的小目标开始做起呢？毕竟，不是每个人从一开始就知道自己要成为什么样的人。一开始，我惧怕着未来，却又不珍惜当前。想通一切之后，我开始允许自己迷茫，但是我不允许我自己不努力。我应该一边成长，一边寻找。

我从上课开始，在课上尽量不玩手机，真的认认真真，开始用心琢磨课本中的知识。我不知道我未来会不会从事这个专业，但是我知道知识没有好坏之分，学到了就是我自己的。我开始认真读一些自己以前很想读却从来没有读过的书，我不知道读这些书到底对我有没有用，但是我知道至少在看书的那一刻，我在享受生命而没有虚度光阴。我开始努力地练习自己的英语口语，我清楚地知道就算自己再努力，也赶不上某些学霸的一星半点，可是我心里明白，我在练习的过程中正在成为更好的自己。我开始努力锻炼自己的身材，不是因为在意别人的目光，可是我很喜欢身体轻盈的状态……

当我开始做这些的时候，我好像越来越清楚，自己喜欢什么，讨厌什么，想要什么样的生活，想要成为一个什么样的人。在不知不觉的忙碌中，我已经走出了迷茫，拥有了自己想要追求的东西了。

记得在大学的时候，室友都说："不必把自己搞得那么累。毕业工作之后，有的是加不完的班，干不完的活。还不如趁现在，赶紧给自己留一点轻松美好的回忆。"但是当时的我就在想，我真的没有觉得自己很累，迷茫的生活才是最累的，我只是越来越清楚自己想要的是什么而已，所以我要义无反顾地选那条难走的路，因为我知道，我不会辜负我自己，我终究会成为那个让我自己都羡慕的最好自己。

7. 职业化是个谎言

　　干一行爱一行这话当然不假，但是如果干一行，死守一行，除了自己本身的职业，再不让自己向外踏出一步，那就有点冥顽不化了。现在的社会是一个什么样的社会？是一个把的那单一型人才吃得死死的社会。那些让自己太过职业化的人，进不能进，退不能退。因为自己的核心竞争力就只有一个，就算再厌倦都要干下去，可以说是生生把自己逼上了死路。

　　如果，往后退个二十几年，那个时候，职业化当然是件好事，你做你的工人，我做我的文员。大家各司其职，井水不犯河水。大家都是铁饭碗，谁也别说谁。但是，现在呢？现在可不一样了。你本来是一个公司的老职员，就负责做做公司的报表之类的，你以为不出什么意外自己就可以轻轻松松度过此生了。但是刚毕业的实习生一来，不仅会做表格，还会做 PPT，连文案也写得不错。既然他什么都能做，那么领导还会觉得你有存在的必要吗？更重要的是，现在都不是人和人抢饭碗了，人工智能的出现，让从事智力劳动的人也开始逐渐被机器取代。你要是没点竞争力，就会发现自己随时处在失业的边缘。

最近，一个同事告诉我前几天回高中学校和同学聚会，发现学校的小卖部阿姨竟然坐在学校传达室里面哭泣。同事问其原因，才明白学校决定对学校里面的小超市进行改进，采用自动结账机。这样一来学校的超市就变成了无人超市，即不需要营业员。同学说，其实阿姨在这个学校已经干了快二十年了，从来没有想过要做别的工作。阿姨哭着说："我在这个学校已经快待了半辈子了。你们让我去上班，可是我根本就没有干过别的工作，学校说不让干就不让干，对我也太不公平了。"同事说这个阿姨确实很不容易，如果到了社会上她几乎不可能找到工作，因为她根本就没有过其他的社会工作经验。没有竞争力的人，很少会有公司要。但是，现在说什么都晚了，她把结账收银当成了自己一辈子的唯一的职业，是她最大的错误。

现在人必须要让自己的能力多元化，这样才会有职场竞争力：工作日上班的人力资源女总监，可能周末的身份是瑜伽师；名不见经传的小文员，下了班可能就是调酒师；那个每天忙碌的程序员，可能是某个小说网站的金牌写手。在你还一心一意地执行着你的职业化的时候，你身边的人早就做好了全身而退的准备，每个人都有后路，只有你没有。

所以说，在这个竞争这么激烈的大环境下，你不要再轻信什么职业化了，你的身份绝对不止一种可能。千万不要自缚手脚，在现实允许的情况下，一定要多去尝试，尤其是在年轻的时候。就像白岩松老师说的"在三十岁之前，要玩命地做加法"。

其实，如果我们用心观察一下，最后会发现当代的很多年轻人都是slash，即斜杠青年。到底什么是斜杠青年？斜杠青年指的是一群不再满足"专一职业"的生活方式，而选择拥有多重职业和身份的多元生活的人群。这些人在自我介绍的时候会用斜杠来区分自己的身份。例如：李四，教师/插画家/摄影师。

韩寒就是一个很标准的斜杠青年。他是一个著名的作家，他是一个职业的赛车手，他还是一个导演。按道理来说，他的作家身份，已经可以让他衣食无忧了。那他为什么还要坚持赛车，拍电影呢？除了为了增加自己的新鲜感，尝试人生的更多可能，也许还是因为他有很强的危机感。作家是要靠灵感吃饭的，谁都不能保证自己绝对不会江郎才尽。现在，中国的作家其实非常非常地多，像雨后春笋一个个冒头，但是真正能留在文坛扬名立万的又有几个呢？竞争太大了，韩寒、郭敬明都非常清楚这一点，所以你们可以看到，他们都在不断地转型。处在他们那个位置的人都在拼命地给自己后面的人生留下更多选择的余地，我们如果还一味地坚持过时的职业化，那可真的就是太傻了。

有人会说，人的精力都是有限的，怎么可能一边做着这件事情，另一边还要想着那件事情呢？倒不如踏踏实实地专一做事。你需要注意的是，你在让自己职业化之前有一个前提，那就是这个职业是否值得你花费毕生的时间来为之奉献？如果你觉得它值得，那你走职业化的路线当然没问题，但是我们反过来想，如果你不去尝试，你怎么可能知道你更适合哪个行业呢？而且所谓的斜杠青年，也是在自己的精力范围之内去不断地开拓自己的能力上限。其实，一旦提高自己的做事效率，合理地分配好自己的时间，你就会发现，你在职业化的同时，也可以斜杠化。

所以说，不要一入职场就一头扎进职业化的深坑里，你可以先思考一下，自己对哪些东西比较感兴趣。例如：你很喜欢化妆，那就可以尝试做一个业余的化妆师；你觉得自己摄影技术还不错，就可以拍一些照片放到网上，说不定大家会很欣赏你的作品，最后还会获得一个可以继续发展的平台。更重要的是，如果我们以自己擅长的、感兴趣的事物为立足点，在业余时间开拓自己的边界，就会很很享受、很快乐。这样既能提高我们的能力，还可以缓解我们的压力，一举两得，何乐而不为？

其实"斜杠生活"是一种可以让生活变得更加有趣的方式，也是一种让我们能够在未来规避风险的策略。总之，不要过分地职业化自己，要多掌握一些其他领域的知识，总结一些通用的学习规律，专长结合爱好，找到自己的优势所在，提高单位时间的产值。这样你的生活将到处都是郁郁葱葱的样子。

8. 那些不声不响就把事做了的人

在公司里面有两个同事，暂且称呼他们为 A 和 B 吧。两个人的工作性质相同，薪资也差不多。A 和 B 的工作都很辛苦，公司却迟迟不给他们涨薪，分派的任务却越来越繁重，他们在自己的岗位上也看不到升职的希望。一年前，A 开始时常抱怨公司压榨员工，并说自己一定要辞职，自己拼死拼活，连填饱肚子都困难，早晚有一天会被累死。B 虽然比 A 还要辛苦一些，却很少怨东怨西。大家猜测可能是因为 B 的年龄比 A 还大，而且家里的情况比 A 更困难，现在找工作不那么好找，所以 B 也不敢轻易提辞职。公司似乎是知道这个情况，所以有的时候拿捏 A 比拿捏 B 还要厉害。

一天中午，A 又在一边干着自己手里的活，一边抱怨说自己早晚要辞职。而这时我们却看见办公室主任急急忙忙过来找到 B 问："怎么突然决定要辞职？你这样让公司一点准备都没有。"大家也都惊呆了。只见 B 不慌不忙地解释道，自己才疏学浅，确实胜任不了公司的工作，如果可以，希望尽快办理离职手续。

看得出来，主任很生气，但是 B 和公司签的劳务合同已经过期了，根本拿他没有任何办法。主任急得不行，只好赶紧招聘新人。但是没有人愿意做薪资这么低又这么辛苦的工作，所以根本就招聘不到人。最后好不容易招到了一个人，但是他做事效率极其低下，根本就没有办法和 B 比。

这个时候主任悔不当初，主动提出要给 B 涨薪，但是 B 拒绝了，B 走后，主任一个头两个大，看得大家心里暗爽。我们后来才知道，B 早在一年前，就开始考取相关的专业证书，准备离职了，他现在跳槽到了另外一家公司，成了部门主管，不仅薪资高了很多，而且发展前景也很好。估计在他辞职之前，就已经拿到那家公司的 offer 了，所以才敢走得那么义无反顾。事后，公司里的人都说，每天喊着闹着要辞职的一直没辞职，反而是不声不响的那个人说辞职就辞职，一下子就走了，B 才是真正的狠角色啊！

在现实生活中，我们很多人都是语言上的巨人，行动的上矮子。有的时候，真的是多说无益。朋友圈里面年年都有人给自己立各种新年目标，但是最后几乎全部都被打脸。反而是那些不声不响的人，说瘦就瘦了，不动声色强大起来的人才是最厉害的。

越是没有实力的人，越喜欢大张旗鼓地说自己会怎样怎样。那些用真正有实力的人，在没有成功之前，绝不多说一句话，他们总是沉默不语，只用行动证明自己。

所以我们在做事之前一定要明确一点，就是首先要学会控制你的表达欲，把自己的事往心里收一收。你发完朋友圈了，别人也点赞了，你的优越感得到满足了，除此之外没有任何变化，你心里很明白你根本就没有任何进步。很多时候，自己的事情就是自己的事情，与别人没有任何关系。朋友圈的赞再多，都不会让你的内心变充实，知识变丰厚。不要再未动身努力之前，就在朋友圈里炫耀，这样别人不仅觉得你很无趣，而且还会觉得你只是一个"嘴炮"。

你要学会珍惜时间，我们在人生的每个阶段都会听到这句话，但是没有几个人能真正听到心里去的。每个人学习的时间都是有限的。学会利用时间，将会成为你一生最大的财富。你修图的那段时间，大可以用来练习自己的英语口语。你用流利的英语口语和外国人侃侃而谈的样子，可比你站在一旁神色尴尬、支支吾吾的样子帅气多了。不要妄想从别人身上寻求心安。别人闲扯打发时间，是因为他们有打发时间的资本，你永远不知道别人的起点比你高出多少。他们是放羊的，你是砍柴的，人家的羊是吃饱了，你却连一根柴都没砍，时间也白白地流失了，你除了懊恼还是懊恼。

在你想要做一件事情的时候，不要大肆宣传，你需要做的就只是默默地执行。因为你永远都不知道，你的大肆宣传会给你带来多少困难。我记得我妈妈讲过一个故事。有一个远方亲戚，和他身边的朋友关系都闹得很僵。究其原因，这个远方亲戚攒了一点钱，打算在城里买套房，在没买房之前，到处和人炫耀说，以自己的实力，在城里买套房是一件非常轻松的事情。身边有急着用钱的朋友知道之后，就问他借钱。一开始他也抹不开面子，只能把自己的钱借出去了，实际上那个时候，买房子的钱已经不够了。后来，来借钱的朋友越来越多，他跟他们讲，如果把钱再借出去，他这辈子都不可能买上房子了。身边的朋友都说他太小气了，都说他买不了房子，是因为他不想买，就是怕别人知道他有钱后向他借钱，他就是那么小气的一个人。

所以说，在你的事情没办成之前，一定要让它成为你一个人的事，你只有这样才能排除外界的干扰，把事情做得更好，不然就会像我那个亲戚一样，事情没办成，结果费力还不讨好。

一个人实力的大小从来不是看他说了什么，而是看他做了什么，沉默的努力才是最高级的努力，你的嬉笑如果太盛，就没有人在意你的认真。人的本性就是有自信会做到的事情，我们会放在心里，但是没有把握的事情，却会一直放在嘴上。因此，你要做的就是克服你的炫耀欲，提高自己的执行力，当你不声不响就把事情完成的时候，你就会发现对别人来说你已经是望尘莫及的了。说不说话，说多说少其实根本就不重要，最关键的是要有自信和能力达到完美的结局！

9. 最难的阶段，是你不懂你自己

　　高考过后，因为各种各样的原因，我阴差阳错去了一所自己不喜欢的大学，更糟糕的是读了一个自己不喜欢的专业。在开学的时候，学校宣布通过选拔的同学可以进入我们专业的校级全英语实验班。我当时也不知道怎么想的，可能是因为高考考得不好，我不甘心，所以急着证明自己，炫耀自己的真实实力，所以轻而易举地进入了全英班。

　　从那之后，我的噩梦就开始了。你能想象吗？我刚刚孤身一人来到一个特别陌生的城市，学的是自己不喜欢的东西，老师用英语授课我听不懂，周围都是陌生人，我又不喜欢交新朋友——所以实在过得很煎熬。

　　在上课的时候，有那么一瞬间我觉得我之前十二年的所有努力都被否定了。别人的大学是欢天喜地，我的大学是人间地狱。高考那年，我对我自己发过誓，我绝对不会再让自己学任何与数学有关的东西。可是，我的大学课程表里排满了数学课程，还是英文版的数学。我想转专业，但是偏偏进入全英班的前提条件是不能浪费名额，也就是说，一旦选上就不能再转专业。偏偏造成这一切的还是我自己，我连怨恨别人的权利都没有，更不知道我的明天在哪里。

我没有朋友，离家千里，关于大学的美梦变成噩梦，进退两难。然而，大学生活还有四年，我清楚地意识到最初的这些折磨还只是个开头。想哭的时候，为了不打扰舍友，我就离开宿舍，大晚上的漫无目地在北京街头奔走，本想和父母沟通，但是电话打通后妈妈的第一话是："我还在忙，先挂了。"那个瞬间，我觉得特别绝望，尽管现在看起来这些情绪是那么的矫情，但是这段经历让我终生难忘。

我本以为我每一天都会在崩溃中度过，可是我没有。我后来交了新朋友，通过自己的努力，英语听力和口语有了很大的进步。我开始埋头苦学，不再想这四年是否值得，只做好我每一天该做的。我开始去寻找数学的乐趣，结果还不错，虽然不是很好，但是从来没有挂过科。我还找到了自己的兴趣和爱好。最后，我甚至觉得这样日子也不错。

尼采曾经说："人生中最难的阶段，不是没有人懂你，而是你不懂你自己。"我想，我当初最难过的那一刻就是这样吧。其实，我不知道我其实远比我自己想象的要坚强，对大学和专业不适合自己的想法也十分武断，因为在什么都没有真正的尝试之前，我没办法去判断一件事情对我来说到底是福是祸。说到底，我当时的迷茫和煎熬还是因为自己不懂自己。

我们有时候难免会误解自己，甚至可能会否定自己存在的意义。如果你很想弄懂你自己，不妨看看下面这几条建议。

第一，你要观察，看看你周围都是什么人。和你做朋友的那些人一定是和你有着共同的价值观、世界观的人。不知道在哪里曾经看过这样一个句子，我觉得很有道理："你能在一瞬间，很清楚地看透一个人，是因为他身上有你当初的影子。"如果说，在你身边的都是一些积极开朗的人，那么你的性格一定很阳光，你一定是一个很善于跟别人打交道的人。如果你身边的朋友大多沉默，那你一定是一个喜欢安静的人，心思一般都比较细腻，情绪可能比较敏感。

第二，观察完了你身边的朋友，那你不妨再观察一下你讨厌的人，看看他们身上有着什么样的特点。这能证明你对这些特点是极度厌恶的，你的内心很抵触这些东西，那你以后就可以避免接触，或者说少接触拥有这些特质的人和事。毕竟让你第一眼就不喜欢的东西，你以后也很难再喜欢。

第三，观察完你讨厌的人之后，你可以回忆一下别人对你的评价，正面的也好，负面的也罢，官方的也可以，别人无意中说出的更好。把这些评价汇集起来，你自己可以先想一下，这些对你的评价是否客观。如果你觉得在别人的评价当中，有你自己也认可的内容，那么说明你这个特点一定很明显。如果这个特点是好的，那你就要去继续保持它，如果这个特点是不好的，就想想有没有办法改善它。

我的性子比较急，这是我一直都知道的事情，但是我从来没有想过要改正。后来，在驾校练习倒车入库的时候，别人都能做得很好，只有我每回都倒不进去，所以急脾气就上来了。我是越急越错，越错越急。一个同车教练的话点醒了我："姑娘，这练车呀，不是一下子就能会的，有些事情，着急真的会给自己带来大麻烦，人生的路那么长，你可急不得啊！"

他的这句话让我在回去的路上想了很多。其实我着急的性格，已经让我吃过很多苦头了，但是我从来没认为它是什么大问题，也从来没有想过要改正。但是，在我想明白的那一刻，我下定决心要改善我风风火火的性格。

当一个人认为生活很让人绝望，认为日子总是很难过，那只不过是他经历太少。往后余生，我们会经历更多的难关，但是岁月的历练会让我们明白只有真正弄懂自己到底是一个怎样的人，才能去试着去和生活讲和，才能放下所有的执迷不悟与难过，拥抱真实的自己。

10. 怎样为无解的问题找答案？

在我们的一生中，会遇到各种各样、无穷无尽的问题，其中我们感觉最棘手的问题，无外乎那些让我们进退维谷、无论怎么选择都会输的问题。这些问题可能当时在我们看来，似乎就是个死结，根本没有办法解决。不管是多聪明的人，在遇到这种问题的时候，都会感到为难和无奈。

前几天，我和别人一起去听一个关于商业知识的讲座。台上的一个嘉宾讲了很多自己对工作、创业的看法。期间，他提到了这样一个故事，我觉得很受益。他说："我曾经一直很迷茫，不知道在大学毕业之后，到底是进入体制内工作，还是在体制外工作。我们都知道在体制内福利待遇很好，社会地位也会高一些，绝对的铁饭碗；但是一旦进入体制，你的人生可能性也会被限制。在体制外的话，我们会拿到相对较高的薪资，发展得会比较快，但是风险很大，而且会很容易感到劳累。让我在这两者中间做出选择，就像是什么呢？就像是在我们少不更事的时候去认真思考，自己到底是要上清华还是上北大。我当时考虑了很久很久，我发现，我实在是找不到问题的答案。最后，如你们所见，我既没有进入体制内工作，也没有在体制外工作，而是选择了创业。我想告诉你们的是，如果你觉得一个问题无解，那你可以把它交给时间。时间会给出你最好的答案。"

在问题确实无解的时候，你确实可以把它交给时间，因为在那种情况下，你做能做的就只有等，除了等，你什么也做不了。但是还有另外一种情况，就是当你认为问题无解的时候，很可能是因为你忘记了请求别人的帮助。

在你以自己的角度考虑问题的时候，你可能觉得问题是无解的，但是说不定你可以从别人那里得到答案。

我们年轻人有时候可能觉得，老一辈的人理解不了我们的想法，他们不可能给我们的人生难题提供什么答案。但是，他们的阅历毕竟在那里摆着呢。所以，你不试试，怎么可能知道前辈们不会给你惊喜呢？

我有一个同学，他在大学毕业之后实在是不知道自己应该做什么。他自己认为他有两个选项，一是考研，第二个就是直接工作。但考研吧，又差点实力；工作吧，又不甘心。他想破了脑袋也知道怎么办才好。后来，他无意中和叔叔聊天，他的叔叔问他："为什么不出国呢？"就是这句话，让他醍醐灌顶。后来事实证明，出国是他这一生中最正确的决定。

有时候，问题无解的原因在于你想的太多了，做的太少了。你觉得问题无解，其实是因为当局者迷，只能看到外物的表象而已。一旦你开始尝试，开始行动，答案自然而然就水落石出了。打个比方，如果你想知道可乐和雪碧哪个更好喝，那你就要把二者都尝一下。只有真正地去接触、去了解，你才能分辨得出哪个好喝。有时候根本就不是问题无解，而是你看不透自己的心。当你面对很艰难的抉择的时候，你先要问问自己的心，到底哪个选择让你觉得更舒服。

我们都知道交朋友有好处，广交朋友可以积累很多人脉。但是，同时它也会消耗我们的能量，尤其是在我们时间、精力都比较紧张的时候，维系人脉很可能会让我们筋疲力尽。如果在我们有自己的事务要完成的时候，突然又撞上了不得不去的应酬，我们就会感到为难。其实，根本就不用纠结，也不用为难，只需要跟着自己的心走就可以了。只要有选项，你的心就一定会有偏向，而你偏向的那个就是问题的正确答案。人生任何阶段的"筛选"都只是一种形式，别被那些一时的标准迷惑，定义你最终的归宿和选择的，一定是你自己的那颗心。

我的小姨，在她结婚的那个年代，还是父母之命，媒妁之言。姥爷给小姨寻了个家底很是殷实的人家。小姨在和那个即将和她结婚的男人接触的时候觉得虽然他人不错，但是他们两个的生活态度和性格确实相差太大。在媒人来要回信的那个晚上，小姨很为难，因为她这个选择太重要了。在那个吃不饱、穿不暖的贫穷年代，能有机会和家底这么殷实的人家结亲，确实可遇不可求，而且自己的父母也都希望她答应这门婚事。他们也劝说小姨，夫妻都是互相磨合过来的，想法不一样，很正常。但是，她自己又认为两个人的性格差异实在太大，她真的没有把握自己会幸福。媒人那边一直催着要回话，小姨当时真的不知道自己该怎么办了。但是，最后姥姥说了一句："闺女，只要你觉得好，那就是好；你觉得不好，那就是不好。"小姨听完以后告诉姥姥，自己确实不想和他在一起，她不愿意押上自己的后半生去赌博。

我问小姨她后不后悔。小姨却反过来问我说："你觉得我现在幸福吗？"我说："当然幸福了。"小姨说："所以，我不后悔啊，跟着自己的心走，永远是最正确的方法。我知道，嫁给那个人我未必不会幸福，但是和一个性格差异那么大的人磨合的过程，会让我觉得很辛苦，我不喜欢，所以我不后悔。"

所以你看，再无解的问题也会有答案。它就在你的心中，只不过有时候迫于外力，你不愿意承认罢了。

总结一下，在面对无解问题的时候，如果时间允许，那就去等，有的问题是时间带来的，就要用时间去解决。如果时间不允许，那就看看能不能从外界寻求帮助。如果问题还是无解，就问问自己的心，它到底偏向哪一个选项。最后，你要知道，其实很多问题根本没有对错之分，只有左右之分。所以，一旦找到答案，那就去执行，不用怕自己选错，因为只要你相信自己是对的，那你选择的答案就是标准答案。

第五章

格局的修炼

1. 读万卷书，行万里路——
格局的修炼永无止境

　　相信看过《中国诗词大会》节目的人都很熟悉武亦姝。很多人都说她满足了自己"对古代才女的所有幻想"。她在赛场上的那种从容不迫、温婉大气的气质，引得众多网友对她进行一致称赞。在争夺攻擂资格的飞花令环节中，她脱口而出的来自《诗经》的那句"七月在野，八月在宇，九月在户，十月蟋蟀入我床下"让所有人都惊叹不已：这到底是读了多少书，才成长为这么优秀的人啊！

　　姜思达曾经说："你可以一天整成一个范冰冰，但你不能一天读成一个林徽因。"确实是这样，读书是件好事，长时间的读书更是一件难得的好事。如果你把阅读当作习惯，那你就会形成自己独特的气质。古人不也曾说过"腹有诗书气自华"嘛。我一直都觉得读书可以让人畅游光怪陆离的未知世界，能够让人发现真正的自我与志趣所在。多读一本书，我们对人生就多了一份认知，心底就多了一份明白。

对我影响最大的一本书是路遥的《平凡的世界》。它里面有这样一段话："生活不能等待别人的安排，要自己去争取和奋斗；而不论其结果，是喜是悲，但可以慰藉的是，你总不枉在这世界上活了一场，有了这样的认识，你就会珍重生命，而不会玩世不恭；同时，也会给人生出一种强大的内在力量。"这段话陪我度过了整个高三。那时候的我痛苦、不安、紧张、焦虑。就是这段话，把我从那么多的负面情绪中解救了出来，让我在面对一些事情的结果时可以风轻云淡。在高考铃响交卷的那一刻，我突然发现当时的那种感觉和书中的这段描写不谋而合，那一刻我好像就突然明白了阅读的意义。

当然，读万卷书虽好，但这里的书是有前提的：不是说你看了几本小说或读了几本杂志就可以很骄傲地说自己读了很多书。书也有好坏之分，在有限的时间内要选择性地读书，多读一些高质量的书。好的书会让你看到更美的风景，还会让你变成更好的人。小说和杂志你当然也可以读，在你的眼中不能只有小说和杂志。

读完书之后呢？读完书之后还要有自己的思考，"看完"的书只有这样才能真正成为你自己的内化的知识。不过，就算不思考也没有关系，因为只要是你觉得自己在享受阅读，享受人生，那阅读就是有意义的。

最后，阅读应该是一个终生的旅程，它不应该是随兴而起的。这世间万物都是要靠量变的积累才能引起质变，阅读也不例外。你阅读过的每一本书，它都会附着在你的思想里，就像毛毛虫在蛹中溶解了自己的组织器官。你越是积累，你的思想越是丰富。读书越多的人越觉得自己所知太少。读书也是一个"不知道自己不知道——知道自己不知道——不知道自己知道——知道自己知道"的过程，想要一步步地进阶，那就要让读书永远成为进行时。

说完了读万卷书，我们再来聊行万里路。行万里路，用自己的脚步去丈量世界，看看地平线的那一边有着怎样的风情，晚风是否也像你理解的那样温柔，云朵有没有更轻柔，那里的人的生活方式和自己有什么不同，那里的星空有比自己原先看到的更浩瀚一些吗？

行万里路，不是单纯的让你到一个地方，拍拍照，吃吃东西，然后再高兴地发个朋友圈，而是要去体会那里的一草一木有没有让你动情，有没有让你产生想要留下来的冲动。你要看看这里生活烟火繁盛的样子，有没有让你觉得人间真的值得，有没有让你看到除了自己的生活方式，还有另外一种可以度过余生的可能。你遇到过的人和事，应该让你更加热爱生命，让你对这个世界更加包容。

要知道，在行万里路之前，你要有思考和阅读的基础，不然就像一句话所说的那样，"没有一定的思考，走再远的路也只是个邮差而已"。你看过的风景不应该成为过往云烟，它应该被你铭记，在你暮年之时，虽然你的腿脚已经不够灵活，但是这并不妨碍你对自己的人生感到满足，因为你知道你是个已经见过世界的人。尽管腿脚被束缚，但是你回忆起年轻的你送来的礼物，会让你更加珍惜自己的每一天。见识过世界的你可以从每天的平凡里看到不平凡；见识过世界的你会在某一刻觉得自己的人生很圆满，你会觉得自己真的避开了苟且，找到过自己想要的诗和远方。

我觉得无论是读万卷书，还是行万里路，都是对自己灵魂的救赎，可以让我们从疲惫不堪的生活中看到一种希望，让我们觉得幸福有迹可循，让我们经历大风大浪却可以心有安宁、处事不惊。也许你曾经以为自己的人生糟糕透顶，但是看过万卷书，走过万里路，我们会与自己、与整个世界达成和解。你最终会发觉人生本该如此，对自己、对人生的不断探索，会让你的记忆生机盎然。多年以后的对酒当歌，才能说出不虚此生。

最后，无论是读万卷书，还是行万里路，都要终生热爱，一生追求。让自己永远年轻，永远热泪盈眶。年深月久中，你走过的路和爱过的人必定会成就那个最独一无二的你。

2. 梦想是自己的——
修炼格局时要对自己保持忠诚

在高中的时候，我有一个成绩非常优秀的同桌。记得有一次高三的语文课上，要写一篇与自己梦想有关的作文。也不知是出于什么心理，大家都觉得好像沾上梦想这两个字就必须是宏大的，必须是了不起的，似乎只有这样才配称梦想。我想如果没有发生那件事，我一生对梦想的理解都会有所误解。

在老师问同桌她的作文内容是什么。同桌很平静地说："我从来都没有什么大到可以改变世界的梦想，我喜欢发呆，我喜欢种花养草，我的梦想就是在长大以后可以自由地发呆，凭自己的喜好种花养草，没事晒晒太阳，吹吹晚风。其实我想要的是很平凡的一生。"同桌说这句话的时候，眼神温柔，嘴角带笑，似乎好像看到了未来的自己。她说完之后，班里的同学开始议论纷纷，她的梦想既不是让自己成为精英，也不是成为谁的英雄。如果梦想平凡到不像梦想，那感觉就好像有点违背常理。好在老师虽然一脸讶异，但是并没有多说什么，只评论了一句："你喜欢就好。"

毕业多年之后，我们再相遇，她竟然开了一个花店，竟然每天都会认真地发呆。她很骄傲地告诉我，她参加了小区的发呆比赛，甚至还拿到了名次。班级群里到处都是疲惫的抱怨，只有她的言语之间满满都是正能量。我看着她那张被岁月善待、没有任何沧桑的脸，突然明白，也许她对梦想的理解才是对的。只要她认为自己的人生意义在那里，只要她觉得那样做是在享受人生，那就是值得的。

可能她就像村上春树曾经说的："不管世界所有人怎么说，我都认为自己的感受才是正确的，无论别人怎么看，我绝不打乱自己的节奏，喜欢的事自然可以坚持，不喜欢的怎么也长久不了。"

我们大多数人，从出生的那一刻就开始与别人比较。小学的时候比成绩，长大了比工作，甚至结个婚也要比早晚，结完婚还要比谁的孩子优秀……就好像陷入了死循环，永远跳不出，逃不掉。但是，从来都没有人问过我们，那些看上去闪闪发光的梦想，是不是真的适合我们。

前几天，我听到一位母亲对老师说："我的孩子现在过得很不快乐，他变得越来越沉默，总觉得他没有以前活泼了，问他怎么了，他只是回答还好。我看孩子那样，心里很难受。"

老师问那个母亲："那你知道到底是什么让他不快乐吗？"那个母亲说："孩子想学画画，让他父亲给他交补习班的费用，但孩子父亲把孩子骂了一顿。倒不是不舍得钱，而是因为他高二了，不想他浪费时间。他以为自己有画画的天赋，实际上他和别人比根本没有什么出众的地方。他学画画难道长大了去喝西北风吗？说实话，我也想让他快乐，但是我实在不想让他学画画。"

老师听完之后，叹了口气，对那个母亲说："其实，能理解孩子父亲和你的感受，但是我觉得孩子的父亲是不是对孩子太残忍了一点。孩子也没有说，学画画就不学文化课了。而且，学画画也是孩子的个人选择，你们怎么能知道，他一定不会成功呢？"

那个母亲，想了好一会儿才说："养个孩子可真难。"那个老师立即回道："咱们总觉得自己给了孩子生命，但是从来都没有问过，咱们生他的时候他同意不同意。所以说，不要老是拿着自己对孩子的生养之恩，来要求他凡事顺从。把他养大，是咱们的责任，但是他想怎么活，那是咱们谁都没有权利干涉的事情。"

听完那个老师的话之后，我就在想，要是像这个老师一样的父母多一点，那这个世界上孩子的悲剧会不会少一点。我们年少的梦想经常会被否定，因为身边的人认为那是离经叛道。在这样的打压之下，我们渐渐也就没了梦想。

当然，不是说随随便便的一个梦想都值得你忠诚，能让你为之坚持的梦想。它们不一定可以让你成为更好的自己，让你在其中找到自己存在的意义。

记得有一个金融行业的 HR 跟我说过，他在面试应届大学生的时候都会问他们为什么选择金融行业。回答基本可以分成两种，一种回答是："大学学的这个专业，金融行业比较有前景，自己的数学比较好……"另一种回答是："喜欢金融行业，对金融感兴趣。"那个 HR 说，就算第二种人在表达的时候，不如第一种人流畅，但是他在做选择的时候也会让第二种人留下，因为只有喜欢，才能坚持；只有喜欢，才能创造。

他最后说："你说那么多人都没有问过自己的喜好，单纯因为金融行业比较火爆就来应聘，是不是对自己的梦想和人生都太随便了？"

每个人都有不同的道路，也有不同的节奏。不要盲目跟风，不要随随便便就丢掉了自己热爱的东西，不要明明不喜欢还要自欺欺人。强扭的瓜不甜，就算能勉强自己一时，也勉强不了一世。请你守护好自己的梦想，一步一个脚印地往前走。你可以用自己的行动来证明，自己的梦想不比任何人的梦想差半分。就像陈欧所说："从未年轻过的人，一定无法体会这个世界的偏见。我们被世俗拆散，也要为爱情勇往直前；我们被房价羞辱，也要让简陋的现实变得温暖；我们被权威漠视，也要为自己的天分保持骄傲；我们被平庸折磨，也要开始说走就走的冒险。"

所谓的光辉岁月并不是后来的日子多么闪耀，而是无人问津时你对梦想的那种迷人的偏执和勇敢。

3. 在任何时候都要正确地看待金钱

　　我们说"金钱是万恶之源"，我们还说"金钱不是万能的，没有钱是万万不能的"。我们对金钱又爱又恨。有人为了它走向深牢大狱，有人奋斗一生却在弥留之际把它在社会散尽。有人为了它迷失了自己，变成了当初自己最讨厌的那个人；有人为了它吃尽苦头，却在某一瞬间豁然开朗，抛弃了执着。把钱看得太重，会毁了自己；把钱看得太轻，又会毁了我们的生活。

　　我们究竟应该怎样对待它呢？正确的做法是根据自己的经济状况调整自己的金钱观。

　　第一种金钱观是及时行乐。现在的很多年轻人不仅是"月光族"，还是"月欠族"。有这种金钱消费观的人大多都是觉得现在的房价很高，存钱没用，不如挣多少花多少，一个人快活潇洒。这种每个月都拆了东墙补西墙的生活抗险能力很差，稍微出点急需用钱的意外，你的生活就会迅速垮塌。这种时候人就容易走极端，所以这种金钱观非常危险。更重要的是，一旦这种金钱观养成之后，就很难改正。毕竟由俭入奢易，由奢入俭难。

第二种金钱观是未雨绸缪。在经过自己的辛苦打拼以后，觉得未来的日子还长，尽管挣得不多，但是攒一点是一点。践行这种金钱观的人能考虑到未来存在的风险，而且很不喜欢欠债的感觉，所以他们没有每个月都要还债的巨大压力。他们往往能更加专心地工作，生活虽然没有鲜衣怒马的感觉，但是胜在平稳静好。这种金钱观不利于长远的发展，尤其是在经济形式变化迅速的时代，只靠储蓄的方式来攒钱，不能对抗通货膨胀，最后你会发现自己存在银行的钱价值越来越低。

第三种金钱观是有了足够的资本，投资理财。能够利用这种方式的人，往往都是已经实现了相对的财务自由。他们生活的紧迫感很弱，但是他们有了更高的追求目标，对金钱的渴望更强。他们注重理财的同时把对自己的投资看得也很重要。他们的眼光大多比较长远。这种金钱观念的人对抗未来经济风险的能力更强，但是他们承受的风险也更大。所以，这种金钱观要求人们要正确地看待钱财这种身外之物，不能贪得无厌，投资切忌赌博的心态，否则最后很容易赔了夫人又折兵。

第四个种金钱观代表着一定的人生高度，这种观念的人往往视金钱如粪土，更在乎追求人生的乐趣和实现人生的价值。他们往往会回馈社会，尝试更多于人生更有意义的事情。用自己拥有的金钱为这个世界做出自己的贡献，这会使他们感到快乐。生存对于他们来说，根本就是不需要考虑的问题，他们的目标是达则兼济天下。

看一看这几种人生金钱观，你属于那种？确定好自己的经济状况之后，你就要考虑自己所持的金钱观念到底适不适合自己。其实，从第一种到第三种，代表了财务状况的逐步进阶，自己通过自己的努力，先储蓄再理财，虽然很艰辛，但是能够帮助你更好地实现自我价值。

其实，人生最难达到的就是第四种金钱观，它实质上是"舍得"的精神。亿万富翁可能会永远把持着资产不断地给自己增加财富，但是收废品的老人可能就会用自己辛苦挣来的钱资助失学儿童。没有点格局的人真的不会有这种金钱观。有的人一生都想不明白，为什么自己辛苦一生挣的银子，最后竟然要亲手送给别人。所以，他们一生也理解不了幸福的终极含义。

那么，到底怎么理性看待金钱，克服对金钱的极度渴望呢？下面的这几种方法，可能会给你一些启发。

首先，不要拿自己的财富和别人比较。人是一种很容易嫉妒别人的生物。有时对金钱的渴望，会很容易让我们产生仇富心理。我们看着别人一出生就洋车别墅，而自己奋斗一生却连温饱都成问题。这个时候，你就不要再拿自己与别人比较了。你只需要关注，通过自己的努力工作是不是可以给自己买身新衣服。不要在自己什么基础都没有的时候去幻想空中楼阁，含着金汤匙出生的人是站在他祖先的肩膀上的。只顾着嫉妒别人，而不想着从当下累积自己的财富，你只能被越丢越远。

其次，不要用身体和健康换金钱。二十几岁的时候，你渴望钱包立刻变得鼓鼓的，你觉得自己年轻力壮，所有敢于拼命。熬夜加班，你的眼里只有钱，等回过头来你才会发现，自己的精神已经被掏空，自己的热情已经被过度消耗了。年轻的身体里装着苍老的灵魂，而你已经没有动力去走得更远了。钱没有挣够，自己却迅速衰老，实在得不偿失。所以，请你尽早明白，自己的身体和健康要好好珍惜。当金钱拯救不了生命的时候，再多的金钱都没有了意义。

最后，还是那句老话，君子爱财，取之有道。不要试图钻法律的空子去牟利，也不要鼠目寸光通过压榨算计他人去挣钱。人之一世，说长不长说短不短，自己的根基要正，才能在有朝一日建成巨塔。

总之，你要努力挣钱，但是不能唯利是图。喜欢钱不可耻，那人之常情，但是不能为了钱放弃自己的人格。在自己的能力范围之类享受金钱带来的快乐，然后稳扎稳打地提升自己。总有一天，你会守得云开见月明！

4. 能做到完美，
就不要出现"差一点"的遗憾

　　我之前觉得追求完美是一件很累的事情，所以只要结果差不多就可以了。比如说，我在考驾照的时候，科目一的要求是90分及格，所以我觉得考到90分就可以了，没有必要拼死拼活地去拿100分。既然结果都是"测试通过"，那么多余的努力的看上去挺傻的。

　　直到有一次，我报名了普通话资格证书测试。当时和我一起报名的还有另外一个朋友，我们俩的目标都是二甲。我觉得自己的普通话基础还不错，所以没有用心准备。反观我那个朋友，对这次测试认真得不行，每天练了一遍又一遍，不仅准备了好多参考资料，甚至还去听了网课。我跟他说："没必要这么用功，咱们俩的水平都差不多，不出什么意外的话，二甲绝对没有问题。"他听了我的话之后，笑了笑说："我还是多准备准备吧，既然学了就认真学，我学习比较慢，准备好了，心里踏实。"

当时我觉得他这个人太轴了。干吗非要自己跟自己作对？他的水平，二甲跑不了。然后，我们就去考试了。结果出来之后，出乎我的意料。我拿到了二甲，我的分数是 90.5，也就是说只差 1.5 分，我就会变成一乙。我的那个朋友，拿到了一甲，他的分数是 98 分。明明两个基础差不多的人，为什么最后取得的结果却相差甚远？我差的是那 1.5 分吗？不是的，我差的是一种态度，我差的是他那种认真对待、尽善尽美的态度。

仔细想想，这种"差不多"的态度给我带了很大的损失。我大学追求不挂科就行，却不敢要求自己的绩点提高到 4.0。别人做的表格能得到所有人的表扬，但是我只要求自己做的能看就行。我到底是为什么不敢拿高标准要求自己呢？原因很简单，我知道自己没有能力，害怕给自己的期望太高最后会失望。

想通了这一点，我突然觉得自己真该醒悟了。如果你的态度永远都是"差不多"，那生活给你的回馈也是"差不多"。你每次都做得"差不多"，别人却可以做到很完美。一个"差不多"连着又一个"差不多"，日积月累，最后就和别人差得很多了。我对不起的从来不是别人，我对不起的是自己。是我自己的敷衍了事害了我自己。

当然，人不可能事事都做到完美，但是在该对自己负责的时候就应该拿出追求完美的态度，而不是一味地给自己找借口。我不想到生命的最后，回望自己的人生，除了遗憾就只剩遗憾。

我觉得这个世界上最悲哀的话就是"我差一点就可以"，这种无用的句子，既让人无奈，又让人遗憾。想到这里，我真的不能容忍它再从我的口中出现。

我们有多少人，是在这样的"差一点"中度过了一生啊。有人说，自己那年差点就上了个985大学；有人说，自己差点就抓了那个机会，实现人生的飞跃；还有人说，自己差一点就可以得到了自己想要的爱情。这些差一点的背后，是我们和那些追求完美的人差了很多的实力。人生最难过的事不是失败，而是我本可以！

想要减少人生中的"差一点"，就不要舍不得付出。努力从来就没有什么可耻的，真正可耻的是你那颗想要成功、但是又输不起的心。其实，很多时候，我们都会担心，自己埋头苦干但却失败了会很丢人，那些努力就没有意义了。这么想大错特错。因为大家都不是天才，你付出了，还有可能得到；你不付出，绝对什么也得不到。就算结果是失败的，那么中间过程的那些努力也是有意义的。因为不管多与少，我们都能比原先的自己变得更好一点。仅仅是那一点，就够了。即使结果是失败，但是我们也能在过程中得到成长。尽吾志也而不能至者，可以无悔矣，其孰能讥之乎？

想要不留遗憾，你还要克服你的拖延，就像前文提到过的那样，它是你人生路上最大的敌人。我再介绍一种克服拖延症的方法——改变你的环境，永远不要妄想在一个一片狼藉又十分吵闹的屋子里面可以安心学习，普通人都没有那个定力。这个时代，你尤其要克服的是手机等电子产品的诱惑。想要让自己战胜这些诱惑，你可以设置一些自我激励的目标。比如说，听完这篇英语听力，就可以把自己最喜欢的那个综艺看完；今天下午把自己的表格整理好，就可以和朋友去自己最喜欢的那个餐馆喝酒。

　　最后，你在努力之前需要注意的一点是，要先判断：这件事情是不是值得你尽百分百的努力？完成这件事情之后，你的能力会不会得到提高？获得结果后，你会不会得到一些经验教训？最关键的是，在最该努力的事情面前，你有没有拿出尽善尽美的态度？希望你一辈子都不要出现"差一点"的遗憾。每个人都应该通过自己的努力，让自己的人生变得更加圆满，这是一个成年人自己对自己负责的最好的表现。

5. 勇于跳出舒适区，永远不给自己设限

北野武，是一个把七十二岁过成十七岁的男人。其实，他是一个被原生家庭伤害过的孩子，但是他凭借着自己的努力，一步步战胜了心中的阴霾。他原先是电梯小弟，还做过清洁工，但是因为一次偶然的机会，他参加了一个相声的暖场，由于表现太出色，因此名声大振，受到了人们狂热的追捧。要是普通人的话，一定会抓住这次契机，顺势挤进脱口秀表演的行业中。但是，他没有，相声说得正好的他突然去拍起了电影，而且得到了命运的垂青，竟然两次获得了威尼斯电影节的最佳导演奖。他还自学表演，最终成为了日本影帝。后来，他突然对画画生起了兴趣，就在法国巴黎举办了一场自己的画展。画完了画，他又弹起了钢琴，卖起了衣服，最后竟然还写起了小说。他今年已经七十二岁了，但是仍然活得像个少年，而且正在继续探索着自己不熟悉的领域。他说："虽然辛苦，我还是会选择那种

滚烫的人生。"

他无疑是幸运的，因为他一生中有很多个机会能够留在舒适圈中，但是他最后却选择了离开安逸，打破自我的界限。他只是用行动向人们表明，人生真的有很多种可能。只要你想，你就有无数个创造奇迹的希望。你以为的舒适圈只能杀掉你对生活的激情。

在我们变得麻木不仁之前，我们要勇于跳出舒适区，在跳出舒适区之前，我们首先要了解什么是舒适区。舒适区通俗来讲，就是让我们拥有足够的安全感的生活状态。在这种状态中，我们很确定自己基本上不会遇见什么风险，也可以不费吹灰之力就能从容应对生活。

但是，舒适区不是固定的，对于每个人来说，都有自己主观意义上的舒适区，而且每个人对舒适区的判断标准也是在不断变化的。所以说，你有没有跳出舒适区，是根据你对舒适区的判断标准来决定的。

每个人都有自己的舒适区。那么如何知道自己是不是处于舒适区呢？你可以想一想：你现在所做的这个工作，有没有让你察觉到危机感？你是不是不在乎时间的快慢？如果你根本就感受不到竞争，如果你觉得自己今天的日子就是在重复昨天的生活，那么你正是处于舒适区。

在跳出舒适区之前，我们要寻找自己的"最佳焦虑"。所谓最佳焦虑就是你走到舒适区的边缘时所能感受到的一种积极压力，你会有危机感但不至于恐慌到手足无措。找到这个边缘，我们就找到了跳出舒适区的起点。比如说，原先每天都听一篇英语阅读，让你觉得很轻松，但是后来你决定每天再写一篇文章。如果这一篇文章让你感到不舒适，让你感到焦虑。那么这篇文章就是你跳出舒适区的起点。

在找到自己的最佳焦虑之后，你接下来需要寻找你跳出舒适区的动机。比如说前面所说的写文章。你写这篇文章是为了什么？是为了提高自己的写作能力，是为了挣一些零用钱，还是为了总结反思自己？这些动机会支撑着你，让你不至于陷入自己的舒适区。你的动机越强大，你跳出舒适区的可能性就越高。

跳出舒适区的过程一定痛苦而漫长，但我们绝对不能操之过急。为了让我们的心灵和身体慢慢适应跳出舒适区之后带来的紧张、焦虑和不安等负面情绪，我们可以每天给自己设置一些小目标。比如说，第一天我可以规定每天写 300 字的文章，因为这是你可以承受的加码；第十天你可以将目标设置每天写 500 字……这样一步一步，我们就可以慢慢适应这个痛苦的过程。

做完这些之后，我们还可以多结交一些喜欢冒险、探索和挑战自我的人。你可以每天与他们多交流，在遇到困惑以至于不知道自己所做的一切有没有意义的时候，你就可以从他们身上获得激励。这样你就不会轻易放弃了。

最后，你要接受自己的失败，因为跳出舒适区域就意味着把自己放到了不熟悉的领域，你没有必要拿自己和专业的人比较。不要和西瓜比谁甜，不要和麻辣香锅比谁辣。你只需要专注自己的进步就好。就算没有完成之前给自己设定的目标，也是可以被原谅的。但是，你要保证在接下来的日子，自己会做得越来越好。

跳出舒适区，是你对人生的一种态度。也是你为未来人生买的一份保险。虽然过程痛苦，但是它带给你的新鲜感、刺激感还有成就感都是有价值的东西。更重要的是，如果你跳出舒适区之后，通过自己不断的练习和努力，能把另一个领域也变成自己的舒适区，那么你的舒适区范围就会不断扩大。在不断探索和打破自我边界的过程中，你就会越来越了解你自己，你就给你自己提供了更多的人生选项。换句话来说，你就得到了比别人更多的自由。

我们的人生就是一个了解自我、认识自我的过程。在我们没有进行尝试之前，我们没办法弄清楚自己到底是怎样的一个人。或许在跳出舒适区之后的一次无意间的尝试，就能让我们发现自己人生的新大陆。

我们都在成长，我们不断犯错，不断进步，不断让自己变得强大，我们都在提高自己的抗击风险的能力。很多时候命运安排给我们的东西，我们无力改变，但是我们要学会主动出击，绝对不能坐以待毙，因为上天既然能够给予你，它就也能随时让你失去。

6. 专注也是一种能力

你有没有经历过这样一种时刻，本来有一个非常紧急的任务，你需要在 4 个小时内完成。你以为凭自己的能力应该没有问题。在开始任务之前，你在心里警告自己，时间有限，要赶紧做完这件事情，不能被任何事情打扰，要把所有精力都放在这件事情上。但是真正做的时候你却发现，自己一会儿想玩玩手机，一会儿想吃点东西，总之注意力在不断地转移。你强迫自己专注，可是根本就没有任何效果，你控制不住自己。4 个小时过去了，你的任务只做了 1/4。

为什么会出现这种情况呢？因为我们不够专注。我们都知道现在的社会是一个节奏很快的社会。它要求你必须要有效率，没有效率你就要被淘汰。但是想要提高自己的效率，就必须要先提高自己的专注能力。虽然专注能力和我们的性格有关系，但是我们还是能通过一些方法来使我们的专注力得到训练和改善。

第一，你在做事情的时候，一定要学会设定完成时间。如果任务设置了完成的截止时间，你就能有压迫感，有了压迫感，你的潜意识就会让你专注于当前的事情。你每天都可以专门找一段时间，来训练自己的专注力。比如说，你可以设定在半个小时内自己必须集中精力来做这份 PPT。随着训练的不断加码，设定时间也可以逐步增加。一次一次的训练，会让你保持专注的时间越来越久。最后，如果你可以做到忘记时间，忘记自己在训练，就意味着你获得了成功，掌控了自己的专注力。

第二，你还要培养自己迅速进入工作状态的条件反射。这就是说，当你做出某种动作的时候，就会开始不由自主地或者说是习惯性地开展自己的工作。比如说，在每一次开始专注工作的时候，你都可以先喝一口水。就把喝水这个动作当作暗示信息，进行习惯的培养，一旦你喝了一口水，你有了专注工作的心理动力。或者说，你可以在自己的办公桌上，放上一个闹钟。在任务开始的时候抬眼看一下闹钟，这个抬头看闹钟的动作，就可以视为进入专注状态的暗示信息。时间久了你就会发现，这种方法能够帮你更好地投入到自己的任务中，也能帮你保持良好而专注的工作状态。

第三，你要保证一次只做一件事。如果你决定背书，那么就不要在期间停下来写文章。虽然两件事情都是你的任务，但是为了保持专注力，你也只能在一段时间内做一件事情。因为你的注意力从一件事过渡到另一件事，需要一个适应时间。在这个适应的过程中，损耗的时间和专注力难以估量。排除干扰是很重要的，如果你受手机等电子产品的干扰比较大，那么可以选择直接给自己断网或者锁上你的手机，用强制的方法摆脱你的依赖。如果断网影响你自己的工作的话，你可以在手机上下载一些时间管理软件，如番茄闹钟等。

第四，保持专注是很消耗脑力和体力的，所以身体健康很重要。我们一定要有充足的睡眠。熬夜是万万不可取的。这就要求你生活要自律，一定要养成良好的作息习惯，这句话绝对不是说说而已，年龄越大的人越知道它的好处。如果感觉怎样都无法提高自己的专注力，那你不妨小憩一会儿。人在刚醒来的时候脑子是最清楚的，而且大脑还没有接受到杂七杂八的信息，所以在这个状态下你更容易静下心来，专注于眼前的工作。

你还可以用运动去唤醒自己的身体，因为根据《拖延心理学》研究表明，运动后会加强血液循环，让你的大脑得到更多的氧气、内啡肽、脑源神经营养因子。当然，刚运动完不宜马上去做任务，而是要适当休息一段时间，先让自己平静下来。而且需要注意的是，你不能做特别剧烈的运动，也不能做特别消耗体力的运动。如果你消耗了过多的体力，以至于身体疲惫，会影响你专注力的发挥。

第五，就是进行强烈的消极心理暗示。比如说，我今天做不成这个任务，老师明天一定会批评我；同学一定都完成了这个任务，现在只剩自己没有完成了；如果我完成不了任务，一定会成为大家的笑柄，从此之后就再也没有人相信我的能力了；完成不了任务，我在他们眼中就会成为一个笨蛋；等等。足够强的消极心理暗示会让你的精神无处可逃。强迫自己聚焦到任务上，但是注意一定要适度，不要让自己精神崩溃。你感受到有压力，有不得不做这件事情的冲动就可以了。人类的专注时间的极限是 4 个小时，不要试图在 24 个小时内一直保持专注，这不现实，也不可能。

专注力是许多能力的基础，比如自我管理、时间管理。在互联网时代，大家的深度工作能力都在不知不觉地受到损伤，在未来，专注力或许会成为一种稀缺资源。我们现在提高专注力，是为了提高我们的工作效率，让我们在繁重的工作面前，不至于太狼狈。培养自己的专注力也是一种投资，因为在未来专注力越来越稀缺的时候，你的专注力就是你的核心竞争力。专注力的优势会越来越凸显，请你拿出全部的毅力和恒心来训练自己的注意力，除非你真正拥有了不受外界干扰的工作能力，否则一日不可懈怠。

7. 大事不糊涂，小事不计较

我一直很敬重我的父亲。虽然父亲文化水平不是很高，但是他很明事理。我很多时候都在庆幸，我能拥有这样一个好父亲。母亲人也很好，就是喜欢唠叨，这让我常常觉得难以忍受。父亲和母亲吵吵闹闹将近 20 多年，但是吵归吵，我从来都没有听见父亲对母亲说过一句难听的话。父母争吵的结局永远都是最先挑起战火的母亲选择妥协，因为每次父亲都会极其有耐心地与母亲讲道理，即使像我母亲那么暴躁的人最后也不得不承认父亲说的话有道理。

有一次和父亲坐着闲聊，我对父亲说："我觉得你们那一代的人，不如我们这一代的人活得明白，就拿婚姻来说吧，这么重要的人生大事，你和我妈稀里糊涂就在一起了。我们这代人呢，在一起的大多都是因为爱情；真的不喜欢了，就直接民政局见，比你们那代人潇洒多了。"

　　父亲听完之后，被我逗笑了，然后说："你们这一代才是活得不明白。其实，我们在大事面前一点都不糊涂，我和你妈，虽然也是经人介绍认识的，但是也都是提前了解过的，对对方的家庭状况都知根知底，我们在媒人面前一目光相对，就知道了彼此会和对方过一辈子。这一点，我们从来都没有想过要放弃。生活中，总会有很多让人烦心的小事，我们那代人想的是怎么和对方和解。你忍一下，我退一步就过去了。你们这代人却是揪着一点小事不放，说离婚就离婚，根本就不知道自己身上有责任。你看，那些有孩子的夫妻，他们离婚了。可是孩子呢？孩子有啥错？凭什么要让人家孩子跟着受苦受罪。"

　　听完父亲的话，我觉得到底是自己阅历太浅，父亲远比我看得通透明白。我突然又问父亲："爸，人活这一生，你觉得啥是最重要的？"父亲着急看电视，于是给我甩出一句："闺女，人这辈子能无病无灾，活得开心快乐，亲朋好友都健健康康的，比啥都强。"

　　父亲话音刚落，我听见在厨房里忙碌的母亲喊道："端菜。"只见父亲一边恋恋不舍地回头看了一眼电视，一边走向厨房，答道："来喽。"

　　看着眼前的这一幕，我感叹，也许这也才是真正的生活吧。那阵子我其实过得很迷茫，根本就不知道什么事情对自己来说是重要，什么事情对自己来说是不重要的。父亲的话彻底把我点醒了，我觉得我将琐碎的物质的东西看得太重了，有些将生活本末倒置了。

什么是大事？

第一，自己有个好身体真的比什么都重要。世界上有的是挣不完的钱，但是每个人只有一条命。我们都这么大的人了，该自己学着照顾自己了。只要身体是好的，就算穷，也还有无尽的希望。身体是革命的本钱，是奋斗的基础。如果我们现在命不久矣，那谈什么房子、车子、票子都是多余的。对待自己的身体健康，我们可千万马虎不得。

第二，亲朋好友无病无灾也是大事。重视你爱的和爱你的人，他们是你的精神支柱和力量源泉。有的时候，我们工作很拼，并不是为了让我们自己享受什么，而是我们想给自己的家人更好的生活条件。但是，我们在忙碌中忘了我们工作最初的意义。和父母打电话的时候，父母还没有说完，你这边就说，"先挂了吧，我很忙"。其实，你都忘记了，你已经很久没有和自己的爸妈打过电话了，也很久没有认真地听过他们说的话了。你以为给他们钱是孝顺，但是他们根本就不稀罕你的钱，他们甚至不关心你是否出人头地，他们只关心自己的孩子工作累不累，生活好不好。他们老了，他们的整个世界都是绕着你转的。可是傻傻的你，还以为时间很长，他们可以一直等下去。亲爱的，别让这世上最爱你的人再等待了，否则，真正失去的那天，你就会知道：原来"来不及"这三个字可以这样残忍。

第三，让自己过得快乐一点。从今天开始，学会在乎自己的情绪。有不满，别一直压抑，谁还没个不开心的时候呢。你没必要要求自己永远保持优雅，保持善解人意。哭没有什么丢人的，哭完以后，换回一个痛快的自己，这本来就是眼泪的意义。别太早以为你已经把世间冷暖看得很透彻了。承认吧，你也渴望温暖，渴望拥抱。不要再装成冷冰冰的样子，拿出那个快乐的自己。只有快乐的你，才是真实的你。

什么是小事呢？

小事就是那些生活中的鸡毛蒜皮，斤斤计较。有些让我们看不惯的人，如果他或者她让我们感觉不舒服，而你还与其纠缠不清的话，那简直太不值当了。这类人压根就没有资格牵动你的情绪，对你来说，他们应该是最不痛不痒的小事。时间那么宝贵，千万别浪费。当然，我们一定要做心胸开阔的人。毕竟，大方做人，开朗做事，别人有难处，能帮一定帮，该体谅的要体谅，该关心的时候别冷漠。我们应该拿出最大的诚意和礼貌去对别人，这样别人也会以同样的善意回报我们。会用恶意来回报我们的善良的人，真的只是微乎其微的几个。你的世界那么大，遇到的让你快乐的人那么多，不去拥抱爱你的人，而去和伤害你的人周旋，简直就是在浪费生命。看见让自己觉得恶心或者不爽的事，那我们要难得糊涂，因缘果报，这是对你的一个小小历练，你大可不必因为几只苍蝇就把世界当成垃圾场。让自己过得舒服快乐，这就是你的本事。

我们恍恍惚惚，在社会绕了好几年才明白，不必卑微，不必假装坚强，不必事事在意他人的眼光。不要害怕脱离所处的小团体，做自己就好。我们应该自由地去表达自己，而不是迎合别人。与相契的人彻夜长谈，对陌路的人一笑了之。人生的意义在于做好自己。

余生还有很长很长，希望你能照顾好自己，爱你的家人都在等待你，希望你活得像是春风般惬意舒畅。大事面前从来不糊涂，小事面前从不计较。希望你听的是自己最喜欢的歌，旁边站是自己最喜欢的人，嘴角是心满意足的笑，眼里是最美的风景，你是天底下最幸福的那个人！

8. 在绝望的时候，要让自己看到希望

　　在我十四岁那年，父母外出务工，我留在老家被送去了全日制寄宿学校。离开父母之后，我才知道日子有多难过。记得那一年学校放暑假，学校要求清空宿舍，我收拾完行李之后有2个行李箱、2个书包、2手个提袋和1个暖壶。我一个人要把这些都带走，出校门的时候，在同学们的帮助下，我成功地坐上了公交车。司机见我上车的时候，一个人拿了那么多东西，说了句："你这个小姑娘可真是不简单，怎么没有父母来接你？"司机不说倒还好，他一说，我突然鼻子发酸。我笑着对司机摇了摇头，什么话都说不出口。

　　最难的是下了公交车之后，汽车站距我暂住的亲戚家还有一段很远的距离，但是那个地方不通公交，只能靠步行。下了公交车之后，我感到十分为难，只能跟远在异地的妈妈打电话说明了情况。妈妈告诉我，亲戚会去接我。我听完之后，终于松了一口气。

那天的太阳很毒辣刺眼，什么都不做，单单站在哪里，就热得浑身是汗，偏偏汽车站又没有什么可以遮阳的地方。我就傻站在那里等啊等，等到所有的学生都被接走了，等到对面卖汽水的商店都关门了，等到汽车站几乎都没什么人了。这时候，亲戚突然打电话说他今天有点事，走不开，问我能不能一个人回来。我就是再不懂事也该听出了话里的含义。我告诉他："没问题的，我可以一个人回去。"本来想着再给妈妈打一个电话，电话快要拨通的那一刻，我又把电话挂了，心想：算了，妈妈还要去请别人帮忙，干脆谁也别麻烦了。

在回去的路上，我不知道自己捡了多少次掉落的书包，也不知道自己在那条路上到底流了多少汗。我忘记了自己到底走走停停歇了几次，才走到了亲戚家里。到他家的时候，天已经黑透了，我的衣服也湿透了。亲戚对我说很抱歉，我装作若无其事地说："没事，我一点都不累。"偏偏那天晚上，我一不小心，把亲戚家的门给弄坏了。那是亲戚刚装好的门，他嘴上说着没关系，表情却是一脸烦躁。

一天过后，疲惫不堪、只想好好躺在床上休息的我，却只能战战兢兢地站在门外，抬头望着夜空。我很想哭，但是我不能。那一刻的我绝望至极，因为我知道这样的生活遥遥无期。我看不到希望，我不知道自己还能坚持多久。

在夜晚夏风的轻轻吹拂中，我的情绪开始平静下来。我突然觉得，不就是走了一段路嘛，不就是不小心把人家门弄坏了嘛，这些都已经过去了呀。自己在学校考了前十名的消息，还没告诉爸妈呢。早晚有一天，我会考上大学，离开这里。

这样一想，我浑身都轻松了。我马上跑到了床上，大睡了一场，那感觉真爽。从那天以后，我几乎再也没有被什么事情难倒过。我变得越来越独立，我觉得我自己可以顶起一方天地。

现在回想起那段漫长又绝望的时光，我很感谢那个时候的自己。詹青云曾说："我们最后选择的是跟自己的悲伤和解，而不是忘却，那曾经使我悲伤过的一切，也是我最热爱的一切。"这句话用来形容我的感受，再合适不过。

在最绝望的时候，我们要把目光放长远。告诉自己，失望真的只是一时的，而不是一世的。你知道这是必经的磨难，你也应该知道它会让你成长。在你忍不住绝望的时候，你可以幻想一下未来，在那里有一个无所不能、刀枪不入的你。

最绝望的时候，不要像当时的我一样，不懂得哭泣，不懂得适当放纵自己。遇到困难，给父母打电话也没有什么关系。如果不行，你也可以打给自己的朋友，如果是真正的朋友，是一定不会嫌你麻烦的。和别人多沟通，多交流，只要你还肯说，你还肯抱怨，那事情就没有什么大不了的，你就一定还能看到希望，你就一定还能获得疗愈。

我们的一生当中注定要遇到无数的绝望，所以从一开始，我们就要让自己有一颗平常心。这样，当绝望来临的时候，我们就不至于太无措。我们要注意增强自己的抗打击能力，如果太玻璃心的话，会让我们经不起风浪。失败了，受挫了，要及时地放过自己。一定要在绝望中，看到希望，这样你才有挺到最后的可能。

如果实在是太绝望的话，不妨出去走走。换个环境，你的心情就会好很多。一边欣赏风景，一边淡化绝望，让时间和自然抚平你的悲哀，帮你重新拾起面对生活的勇气。你需要做的就是用心感受自然，用心感受生活，然后在不知不觉之间绝望就会离你而去。

我们无法避免绝望和被伤害的经历，只能通过自己的力量去努力地修复这些伤疤。当我们回头看时，那些被我们称为"伤疤"和"瑕疵"的部分其实是闪光耀眼的经历。就像罗振宇所说："成长就是你的主观世界遇到客观世界的那条沟。你掉进去了，叫挫折，爬出来了，叫成长。"让我们走出绝望，找到希望。我们也要明白经历过绝望，才会让我们更加珍惜希望。人生不易，让我们且行且珍惜！

9. 任何情况下，都要做到对事不对人

　　我的一个女领导，在公司里面的口碑好到了令人发指的地步。她颜值并不高，一米五八的个子，还有一点微胖。尽管她的外在形象不是很完美，但是大家都打心眼里喜欢她。工作的时候大家喜欢叫她李总，私下里大家都喜欢叫她李姐。

　　李姐在工作的时候，总是雷厉风行。公司里面一个很有威望的老员工，这个老员工和公司的高层有亲属关系。有一次，他在工作上犯了严重的错误，但是却把锅甩给了一个新来的实习生。实习生百口莫辩，只能委屈地哭泣。看到实习生哭泣，李姐上前询问原因。了解了情况之后，李姐二话不说，当着所有人的面，把老员工臭骂了一顿，开除了他。然后，李姐直接找到高层领导，告诉领导说，如果老员工不开除，她就走，是老员工的错，就是老员工的错，谁也不用替他开脱。领导最后没办法，开除了老员工，留下了实习生。李姐做起事来，从来

都是干净利索。她不会因为怕得罪领导，就默默让实习生当替罪羊，真正做到了赏罚分明。

李姐说话，做人都很痛快，从来都不是小肚鸡肠的人。公司里面有人迟到了，只要没有耽误工作，李姐就不会随便问责。李姐说："我买的是你的工作产品，不是你在公司熬的时间。"有的员工说话性子比较直，在和李姐争论方案的时候语气很冲，有的时候不会太顾及李姐的面子。但是，李姐从来都不把这些放在心上，该给他升职升职，该给他加薪加薪。她对待所有人都一视同仁。

总之一句话，大家都非常欣赏李姐那种为人处事的方式，都觉得她为人光明磊落，值得依靠。她最终就是凭借着这样的优势，一步步走到了公司顶层。不得不说，李姐是真正的智者。她行得正，坐得直，能在任何情况下，都做到对事不对人。

在说怎么做到对事不对人之前，我们首先要了解两个概念。第一个是基本归因错误，这个名词的意思是，无论什么事情都有两个方面的原因：一个是内因，一个是外因。内因是个性因素，外因则是环境因素。我们在给自己找原因的时候，往往低估外因的作用而夸大内因的作用。我们要掌握的第二个概念是自我服务偏见，这个词的意思是：我们在看待自己的时候，会把成功归结于自己的努力，而将失败归结于运气不好等外部因素。

理解完相关概念以后，我们就可以来学习一下怎么样才能做到对事不对人。

第一，想要说服自己对事不对人，我们就要克服基本归因错误。我们首先要做的是换位思考。问问自己，假如这件事自己来做，那么效果将会如何，是更坏还是更好。这样做可以让我们理解对方究竟有哪些优势和不足。虽然说，每个人的标准不同，但是我们通过自己的假设和模拟，能够得出更加公正客观的结论，对他人的判断和认知也会更加清晰。

第二，克服"自我服务偏见"，我们要把自己的姿态放低。有的时候，我们能够做某件事情，是因为我们有天时地利人和的帮助，而别人失败可能只是因为成功条件比我们少。所以说，如果有的时候是运气导致了事情的失败结果，那就不要归因为别人的能力有问题。

第三，多分析客观事实，少妄论主观动机。比如说，有一个人这个月的文章没写好，那你要想，他有没有生病，公司最近是不是让他加班太多，或者说自己让他写的稿子是不是难度太大。而不应该想他之前和自己发生过怎样的过节，他是不是想报复自己，他对自己是不是有什么意见。主观动机，在没有直接证据的时候，最好不要瞎猜测。

第四，解决问题，而不是发泄情绪。首先，在事情发生之后，你要知道你努力的目的，不是为了别的，是为了解决问题。在抱定这个目的之后，你会在一开始，就有很清晰的目标，所以不会随便动怒，这会让解决问题的效率大大提高。你应该也知道，在职场里面，有的时候发泄情绪，解决不了任何问题，只可能给你树敌，甚至让你遭受他人耻笑。所以，一定要理性地去解决问题，而不能让自己情绪化地去给别人挑错。

对事不对人，是我们必须坚持的一种态度。它需要我们拥有理性的思维和强大的情绪控制能力。说得直白一点，对事不对人，有的时候与心理学的行为是完全相反的。我们在不清楚对方到底经历了什么才造成这种结果的时候，千万不要以自己最大的恶意去揣测。就像前阵子闹得沸沸扬扬的"奔驰女硕士坐在奔驰上哭泣维权的事件"，尽管最后有未经证实的舆论说她拖欠工资，但是我们还是要拿出对事不对人的态度，一码归一码。奔驰就有错就是有错。不能因为她有拖欠工人工资的嫌疑，就认定奔驰可以无罪。

对事不对人，让我们以更客观的角度看待周围的人和事，也可以消除更多的人与人之间的误解。不过，要做到这一点，我们需要有极高的素质。对事不对人，对我们来说，也是要一直修炼的格局。

10. 永远保持危机感，
让 B 计划成为常态

在我上大学的时候，有这样一个故事在同学和老师之间相互流传。这个故事说，在某一天的下午，突然学校断电了，有一个女老师和一个男老师在同一层同时在给学生上课。女老师其实一直都在混日子，她讲课从来都是照着 PPT 念稿，上过她课的学生都说，如果没有了 PPT，她自己大概都不知道自己在讲啥。相反，男老师刚刚来到大学任教，工作兢兢业业的，学生们都很喜欢他。

停电之后，看到 PPT 不能播放了，男老师和女老师都挺慌张的，但是男老师很快镇定下来，从包里拿出了自己昨天在备课时整理的笔记，继续讲了起来，甚至把重点的图都画到黑板上，获得了下面坐着听课学生的一致好评。女老师是怎么做的呢？那天她除了一个用来拷贝 PPT 的 U 盘，什么都没带。PPT 不能播放之后，她就直接让学生们上自习，干脆不讲课了。

好巧不巧的是，那天正好院长下来亲自视察。进入男老师班里之后，院长很满意地点点头走了。进入女老师任教的教室之后，女老师很是慌张。在她还没有开口之前，院长问她："为什么不讲课？"可能因为班里的学生都在那里坐着，所以她也不好意思说谎。她说："因为停电了，PPT 上的一些重要的内容无法向学生们展示。"院长听完这句话之后，脸色很难看。他把那个老师叫了出去，严厉地批评道："大学老师啊，你可是大学老师啊。就因为 PPT 放不了，你就让同学们从下午第一节课开始自习？也就说，如果不来电，你准备浪费学生下午整整三节课的时间是吗？咱们的大学老师什么时候已经差到这种程度了？老师是要为人师表啊！"据说后来，那个女老师好像再也没有评上过什么职称。

其实，我觉得就算那天没有停电或者院长没有去视察，女老师的命运也是一早注定的。因为女老师没有一点点危机感，她已经习惯上课照着 PPT 念稿。她也不可能有 B 计划，因为一个危机感都没有的人，怎么还会勤快到准备 B 计划呢？反观那个男老师，刚到自己的岗位上，满满的危机感，他最厉害的地方就在于他准备了 B 计划。尽管很多时候 B 计划用不上，反而有点浪费时间和精力。但是只要 B 计划能够帮你对付不时之需，哪怕只是一两次，那么之前的所有付出就都是值得的。哈佛的大学教授曾经说："你最大的危机，就是你没有危机感。"危机感是指自己基于现状对未来危险的预感。知道了它是什么之后，我们怎么才能培养危机感呢？

1. 竞争

如果身边有足够浓重的竞争氛围，那么你会不由自主地产生危机感。当你身边的竞争氛围不是很强的时候，你可能会被环境影响而变得更加懒散。知道了这一点，我们就可以自己给自己制造竞争的氛围。比如说，你是一个体制内的工作者，你感觉自己没有危机感，那完全可以按照外企的时间表来安排自己的工作任务。尝试一下，看看这种工作强度是否是自己可以承受的。你在尝试之后，就会发现差距。一旦发现差距，你就会产生危机感。

2. 目标

危机感和你的目标也有很大关系。如果你的目标特别宏大，那么你就很容易产生危机感。因为目标越大，你要完成的任务也就会越多，项目的战线就会延长。所以，你制订的初始目标也关系着危机感的有无和大小。

3. 时间观念

危机感强不强和我们每个人的时间观念也有关系。一个人的时间观念越强，那么他的危机感也就会越强，时间会让人产生紧迫感，这种紧迫感就会进一步引发我们的危机感。所以，如果想要培养自己的危机感，就要先从自己的时间观念入手。

4. 思考的能力

你思考的能力同样会影响你的危机感，如果你对事物看得比较透彻，那么那你的危机感就会更有针对性。有所指向的危机感对我们更有帮助，因为盲目的危机感只会让我们陷入慌乱，而不会给我们拼搏的动力。在追求危机感的同时，要把握好度，不要把自己逼得太紧，要不然就会产生负面效果。有危机感是好事，但是如果想要靠危机感成功，把自己往死路上逼，那就有点得不偿失了。

一般准备 B 计划的人一定是一个工作能力非常强的人。因为这要求你在完成原有的 A 计划的基础上，花费更多的时间和精力做出一个有效的 B 计划。所以，我们只能不断地提高自己的效率，才能让我们在制订自己的 B 计划的时候游刃有余。

我们要了解 B 计划的重要性，B 计划就相当于给自己买了一份保险。当然，不可否认的是，既然是保险，那就要有保费。我们可以根据自己遇到的事情的重要程度，来决定把 B 计划完善到什么程度。如果你觉得自己面临的是非常重要的事情，那么 B 计划就是必须的。在结果没有出现之前，B 计划就是给自己买份心安。B 计划永远都用不到是最好的，但是一旦 A 计划失败，B 计划就是你的救命稻草。

现在的这个社会需要我们时刻保持危机感，这样才能应对瞬息万变的形势变化。记住这句话："你有多用力，你就有多安全。"

图书在版编目（CIP）数据

格局 / 月夜生凉著 . -- 南京 : 江苏凤凰文艺出版
社 , 2020.4（2022.4 重印）
ISBN 978-7-5594-4598-8

Ⅰ . ①格… Ⅱ . ①月… Ⅲ . ①成功心理 – 通俗读物
Ⅳ . ① B848.4–49

中国版本图书馆 CIP 数据核字 (2020) 第 030967 号

格局

月夜生凉 著

责任编辑	王昕宁
特约编辑	刘思懿　申惠妍
装帧设计	尧丽设计
责任印制	刘　巍
出版发行	江苏凤凰文艺出版社
	南京市中央路 165 号，邮编：210009
网　　址	http://www.jswenyi.com
印　　刷	天津雅泽印刷有限公司
开　　本	880 毫米 × 1230 毫米 1/32
印　　张	7
字　　数	130 千字
版　　次	2020 年 4 月第 1 版
印　　次	2022 年 4 月第 6 次印刷
书　　号	ISBN 978-7-5594-4598-8
定　　价	39.80 元